Molekülbau

Theoretische Grundlagen
und
Methoden der Strukturermittlung

von

Prof. Dr. Werner Schulze

Mit 43 Figuren

2. durchgesehene Auflage

Sammlung Göschen Band 786

Walter de Gruyter & Co. · Berlin 1970
vormals G. J. Göschen'sche Verlagshandlung · J. Guttentag,
Verlagsbuchhandlung · Georg Reimer · Karl J. Trübner · Veit & Comp.

 — Archiv-Nr. 77 60 702. — Satz und Druck: Thormann & Goetsch, Berlin 44. — Printed in Germany.

Inhalt

V. Einwirkung elektromagnetischer Wechselfelder

A. Moleküle als Beugungszentren

B. Absorptionsspektren von Molekülen

C. Streuspektren von Molekülen

Literatur

H. A. STUART: Die Struktur des freien Moleküls. Springer. Berlin 1952

W. FINKELNBURG: Einführung in die Atomphysik. Springer. Berlin 1951

W. BRÜGEL: Einführung in die Ultrarot-Spektroskopie. Steinkopf. Darmstadt 1954

W. GORDY, W. V. SMITH u. R. F. TRAMBARULO: Microwave Spectroscopy. J. Wiley & Sons. New York 1953

E. B. WILSON, jr, J. C. DECIUS u. P. C. CROSS: Molecular Vibrations. McGraw-Hill. New York 1955

G. HERZBERG: Infrared and Ramanspectra of polyatomic Molecules. New York 1945

M. H. PIRENNE: The Diffraction of X-Rays and Electrons by free Molecules. Cambridge 1946

W. MAIER: Die Mikrowellenspektren molekularer Gase und ihre Auswertung. Erg. exakt. Naturwiss., **24** (1951) 275

C. P. SMYTH: Dielectric Behavior and Structure. McGraw-Hill. New York 1955

J. GOUBEAU: Die Bedeutung der charakteristischen Schwingungen in der RAMAN-Spektroskopie. Z. El. Chem., **54** (1950) 505

LANDOLT-BÖRNSTEIN: Zahlenwerte und Funktionen. 6. Aufl. Bd. I. 2. Springer. Berlin 1951

Einleitung

Es gibt in den Lehrbüchern der Chemie und der Physikalischen Chemie meist ein Kapitel über Methoden zur Bestimmung des Molekülbaus. Denn dies Spezialgebiet ist für das Verständnis der Verhaltungsweisen von Molekülen grundlegend. Leider ist der dort zur Verfügung stehende Raum meist zu gering, um außer den Grundtatsachen noch alle Einzelheiten der Ableitungen anzuführen. Demgegenüber liegen die größeren Lehrbücher und Monographien, die derart ausführlich sind, im Preis meist sehr hoch. Daher schien die Notwendigkeit gegeben, die wichtigsten Methoden zur Ermittlung der räumlichen Lage der Atome in Molekülen in einer Sammlung zusammenzufassen, die jeder Student kaufen kann, und die in den Ableitungen der Zusammenhänge modellmäßig einfach und rechnerisch so vollständig ist, daß auch der Anfänger, wenn er nur die Methoden der Differential- und Integralrechnung kennt, der Rechnung in allen Schritten folgen kann.

Auf die exakten Theorien der Quantenmechanik ist daher in jedem Fall verzichtet worden. Auch konnte in keinem Fall ein Katalog von Moleküldaten zusammengestellt werden, ebensowenig wie alle Methoden angeführt werden konnten. Ferner wurde auch die Theorie der Chemischen Bindung, d. h. der Kräfte zwischen den einzelnen Atomen, nicht aufgenommen. Diese ist erst eine Folgerung aus den Daten für Atomabstände und Kraftkonstanten, die mittels der hier angegebenen Verfahren ermittelt werden können und sollte daher in einem gesonderten Band behandelt werden.

I. Grenzen des Molekülbegriffes

Um den Bau von Molekülen, d. h. die gegenseitige räumliche Lage der im Molekül enthaltenen Atome ermitteln zu können, muß man zunächst festlegen, was im einzelnen als Molekül betrachtet werden soll. Dem Chemiker, der in seinen Reaktionsgleichungen Formeln für den betreffenden Stoff schreibt, wird die Sachlage in den meisten Fällen klar erscheinen. Vielfach hat der Begriff „Molekül" jedoch Grenzen, die im folgenden betrachtet werden sollen.

1. Gasmoleküle

Der Begriff Molekül ist von AVOGADRO eingeführt worden, und zwar, als es sich darum handelte, die experimentellen Ergebnisse von GAY-LUSSAC über die ganzzahligen Volumverhältnisse bei Gasreaktionen in Einklang zu bringen mit der Hypothese AVOGADROs, daß in gleichen Volumina verschiedener Gase unter gleichen Bedingungen von Druck und Temperatur gleichviel Teilchen enthalten sind. Bei dieser Gelegenheit erwies es sich erstmals als notwendig, Zusammenlagerungen *gleichartiger* Atome zu neuen Teilchen einzuführen, eben die Moleküle der elementaren Gase (H_2, N_2, etc.).

Als Moleküle werden nach diesen Tatsachen Teilchen bezeichnet, die sich im Gaszustand als Ganzes bemerkbar machen. Sie besitzen also *als Ganzes* die Translationsgeschwindigkeit der thermischen Bewegung.

Durch diese Definition ist zugleich eine Methode zur Bestimmung des Molgewichtes (besser der Molmasse) dieser Teilchen gegeben, da infolge der Gültigkeit der AVOGADROschen Hypothese die Gasdichten sich wie die Teilchengewichte, also wie die relativen Molgewichte verhalten. Durch willkürliche Wahl des Molgewichtes von

Sauerstoff O_2 = 32,00000 ergibt sich so die richtige Molgewichtstabelle der elementaren Gase. Diese müssen nach AVOGADRO zweiatomige Moleküle besitzen mit Ausnahme der Edelgase, die im allgemeinen keine chemische Reaktion eingehen. Aus dieser Molgewichtstabelle folgt dann erst die Atomgewichtstabelle. Denn allein aus qualitativer und quantitativer Analyse erhält man nur Äquivalentgewichte. — Damit ist der Begriff Molekül für alle unzersetzt verdampfbaren Stoffe klar definiert.

Nicht immer ergibt jedoch die Gasdichte-Bestimmung bei verschiedenen Drucken oder Temperaturen ein konstantes Molgewicht. In solchen Fällen hat man aber immer ein chemisches Gleichgewicht, z. B. zwischen Doppel- und Einfach-Molekülen, als Ursache für die Veränderung des scheinbaren Molgewichtes angeben können (Beispiel: Essigsäuredampf).

2. Kräfte in und zwischen Molekülen

Das Zustandekommen solcher Moleküle läßt sich mit den Begriffen der Mechanik derart beschreiben, daß offenbar die potentielle Energie der insgesamt am Molekül beteiligten Atome in der betreffenden Anzahl und räumlichen Anordnung ein Minimum besitzt. Chemisch gesprochen heißt das, daß „Bindungskräfte" zwischen den einzelnen Atomen zur stabilen Zusammenlagerung führen. Wir wissen, daß diese Bindungskräfte durch verschiedenartige Möglichkeiten zum Elektronenaustausch zwischen Atomen in geringer gegenseitiger Entfernung bedingt sind, und daß die zum Elektronenaustausch nötige Annäherung der Atome nicht durch irgendwelche in die Ferne wirkende Kraftfelder (ähnlich elektrischen Feldern in der Umgebung einer Ladung) zustande kommt, sondern durch die immerwährende „Temperaturbewegung" der einzelnen Atome bewirkt wird. Es kann sogar die Art des Elektronenaustausches, also chemisch gesprochen die eintretende Reaktion, von der Heftigkeit der Stöße, also der Temperatur abhängen.

Hat sich auf diese Weise ein Molekül im Gaszustand gebildet, so erfährt es zwar dauernd Temperaturstöße seiner Nachbarn, bleibt aber trotzdem über einen großen Temperaturbereich intakt, wie die Konstanz des aus der Gasdichte gefundenen Molgewichtes beweist. Die Temperaturstöße sind dann also nicht heftig genug, um die Elektronenhülle oder gar das Atomskelett des fertigen Moleküls zu verändern.

3. Verflüssigung von Gasen

Vermindert man nun die Temperatur eines Gases, so nimmt die Heftigkeit der gegenseitigen Stöße ab. Man kann noch die Teilchenabstände durch Anwendung erhöhten Druckes verringern. Dabei wird das Zeitintervall, während dessen sich zwei Teilchen in z. B. weniger als 2 Å Entfernung befinden, immer größer werden, verglichen mit der restlichen Zeit, während der ein Teilchen sich frei von seinen Nachbarn (in Abständen größer als 2 Å) bewegt. Diese Vergrößerung der Zeit des „Kontaktes" zwischen je 2 Molekülen führt bekanntlich schließlich zur Verflüssigung jedes Gases. Man muß daher schließen, daß auch noch zwischen den Elektronenhüllen der fertigen Gasmoleküle Tendenzen zur Zusammenlagerung, d. h. Bindungskräfte bestehen. Der Unterschied zwischen den Bindungskräften im Molekül und denen, die *zwischen* zwei Molekülen auftreten, ist offenbar nur ein gradueller. Beides sind Wechselwirkungen zwischen Elektronenhüllen. Nur ist im Falle stabiler Gasmoleküle der zwischenmolekulare Zusammenhalt sehr viel schwächer als der innermolekulare Zusammenhalt.

4. Molgewichte im flüssigen Zustand

Aus der Vielzahl der Möglichkeiten, die es für das Größenverhältnis der innermolekularen und zwischenmolekularen Kräfte gibt, resultieren nun die Schwierigkeiten für eine Molekül- Definition in all den Fällen, in denen keine im Gaszustand stabilen Moleküle auftreten. Eine *nicht unzersetzt* verdampfende Flüssigkeit läßt sich dadurch beschreiben, daß bei ihr offenbar eine zu geringe Differenz zwischen den inneren und den zwischenmolekularen Kräften besteht. Bei der Verdampfungstemperatur sind dann die Temperaturstöße schon so heftig, daß sie sowohl den Zusammenhalt der Moleküle als auch gleichzeitig das Molekül selbst zerstören, so daß es in Teilstücke zerfällt, die möglicherweise nicht chemisch stabil sind. Der entstandene Dampf kondensiert sich dann nicht wieder zu der ursprünglichen Substanz, sondern besteht aus Zersetzungsprodukten.

Gelegentlich ist in diesen Fällen durch Verdampfung unter vermindertem Druck (und zugleich verminderter Temperatur) trotzdem noch eine Gasdichtemessung zur Bestimmung des Molgewichtes möglich. Man wählt dann also die Heftigkeit der Temperaturstöße gerade so, daß zwar die Moleküle sich trennen, aber selbst noch nicht zerstört werden. Von diesem Prinzip wird bei der präparativen Darstellung und Reinigung komplizierter organischer Substanzen häufig Gebrauch gemacht (Vakuumdestillation!).

5. Molekulare Struktur der Flüssigkeiten

Das wechselnde Größenverhältnis zwischen innermolekularen und zwischenmolekularen Kräften ist aber nur eine der Schwierigkeiten für eine Molekül-Definition im flüssigen Zustand. Je nach Art der aus dem Dampf kondensierenden Moleküle ist nämlich die Struktur der entstehenden Flüssigkeit eine andere. Es hängt dies wesentlich von der Art der Oberfläche ab, die das im Gaszustand beständige Molekül besitzt. Diese Oberfläche setzt sich natürlich aus Teilen der Elektronenhüllen zusammen, die den oberflächlich liegenden Atomen zugehören. Diese Hüllen brauchen in ihren Eigenschaften aber nicht mit denen der freien Atome identisch zu sein, da auch die an Bindungen beteiligten Elektronen oberflächlich liegen. Besteht die Oberfläche des Moleküls aus lauter gleichartigen (hinsichtlich Elementnatur und Bindungszustand) Atomen, so kann man in erster Näherung annehmen, daß für jede

Relativlage zweier genäherter Moleküle die gleichen Anziehungskräfte auftreten, d. h. daß es keine bevorzugten Orientierungen zwischen Nachbarteilchen geben wird. Die durch Zusammenlagerung solcher „oberflächenhomogener" Moleküle gebildete Flüssigkeit wird man daher als den einfachsten Flüssigkeitstyp bezeichnen können. (Beispiel: verflüssigte Edelgase, die kugelsymmetrische Elektronenhüllen besitzen.)

Liegen verschiedenartige Atome in der Molekül-Oberfläche, so kann es im einfachsten Fall eine einzige Relativlage benachbarter Moleküle geben, in welcher ein Paar eine besonders geringe potentielle Energie besitzt. Diese wird dann bevorzugt. Es bilden sich Doppelmoleküle in der Flüssigkeit, ja vielleicht schon im Gaszustand (Beispiel: Essigsäuredampf).

Besitzt das Molekül weitere solcher bevorzugter Stellen, oder aber werden durch die Bildung des Doppelmoleküls die oberflächlichen Elektronenhüllen derart verändert, daß neue bevorzugte Stellen geschaffen werden, so werden sich weitere Moleküle an das Doppelmolekül anlagern können, und es kann zur Bildung von Ketten und Ringen von Molekülen kommen. Die aus dem Dampf sich kondensierende Flüssigkeit bekommt somit eine innere Struktur. Sie besteht teils aus einfachen (Gas-)Molekülen, teils aus sog. „Übermolekülen".

Aus diesen Darlegungen folgt, daß man keineswegs damit rechnen kann, daß die Größe der Gasmoleküle auch im flüssigen Zustand erhalten bleibt. Es ist also unmöglich, eindeutig aus der Molekülgröße im Gaszustand auf diejenige im flüssigen Zustand zu schließen oder gar umgekehrt.

6. Moleküle in Lösung

Moleküle sind wegen der zwischen ihnen noch bestehenden Anlagerungstendenzen offenbar nur dann definiert, wenn man sie in relativ (zu ihren eigenen Dimensionen) großer Entfernung voneinander auf ihre physikalischen

Eigenschaften untersuchen kann, wie dies im Gaszustand möglich ist.

Eine solche „Vereinzelung" der Teilchen läßt sich nun bekanntlich außer durch Verdampfen auch durch „Auflösen" flüssiger oder fester Stoffe in einem geeigneten flüssigen Lösungsmittel erreichen. Man bettet also die Teilchen des zu lösenden Stoffes B in eine andere Substanz A ein, so daß sie einander nicht nähern können. Dabei macht man also die gegenseitigen Anziehungskräfte zwischen den B-Teilchen dadurch unwirksam, daß man sie durch andere Anziehungskräfte ersetzt. Ein solcher Ersatz ist nur möglich, wenn die Kräfte zwischen A- und B-Teilchen größer sind als diejenigen der B-Teilchen unter sich. Leider ist man wegen der oben erläuterten Struktur (Übermolekül-Bildung) von B nie sicher, ob tatsächlich die B-Teilchen in dem betreffenden Lösungsmittel in einer Größe vorliegen, die dem Gasmolekül entsprechen würde.

7. Formel-Moleküle und physikalische Moleküle

Als Größe eines Gasmoleküls müßte man — wenigstens in einfachen Fällen — diejenige Größe erwarten, die aus chemischen Erfahrungen als „Formelmolekül" bezeichnet wird. Aus der qualitativen und quantitativen Analyse einer Verbindung findet man zunächst nur die %-Anteile der einzelnen Elemente. Diese kann man mit Hilfe der (nun bekannten) Atomgewichts-Tabelle zu einer Bruttoformel umrechnen, die die Minimalmengen der Atome enthält, d. h. von der am wenigsten vertretenen Atomsorte mindestens ein Atom aufweist. Nach diesen Darlegungen würde man die Bruttoformel $C_2H_4O_2$ der Essigsäure noch für halbierbar halten. Jedoch hat man als weiteres analytisches Mittel noch die „Funktionsanalyse", die im Fall des Essigsäure-Moleküls zeigt, daß nur eines von den vier H-Atomen saure Eigenschaften besitzt. Daher ist die angegebene Bruttoformel richtig, und man sagt, $C_2H_4O_2$ ist das „Formelmolekül" der Essigsäure.

Diese Formelmoleküle erfassen alles, was die *chemische* Reaktionsweise der Verbindung betrifft. Sie brauchen aber keineswegs immer auch die physikalischen Eigenschaften der Stoffe richtig zu beschreiben. Im Fall des Essigsäure-Dampfes findet man schon eine dem Formel-Molgewicht *nicht* entsprechende Gasdichte, was auf dem Gleichgewicht zwischen Doppel- und Einfach-Molekülen beruht. Es sind deshalb Formelmoleküle und „physikalische Moleküle“ scharf zu unterscheiden.

8. Molgewichts-Bestimmung an gelösten Molekülen

Bei der Auflösung eines Stoffes B in einem Lösungsmittel A kann man nicht vorhersagen, ob die Dispergierung der B-Teilchen

1. bis zu den Formel-Molekülen,
2. bis zu größeren physikalischen Molekülen, oder gar
3. bis zu Spaltstücken der Formelmoleküle führt.

Ein Beispiel für den zweiten Typ ist die benzolische Lösung von Essigsäure (Doppelmoleküle), ein Beispiel für den letzten Typ bilden die Lösungen sämtlicher Salze, Säuren und Basen in Wasser, wobei in bekannter Weise Ionen als Spaltstücke der Formelmoleküle auftreten. Welcher Typ von Teilchen sich bildet, hängt dabei von dem Verhältnis der Kräfte AA, BB, AB ab und ferner von der Art der Bindungen innerhalb des Formelmoleküls.

Man kennt nun einige physikalische Gesetzmäßigkeiten, die die Bestimmung des Molgewichts des Formelmoleküls für eine Unzahl von Stoffen erlauben. RAOULT fand experimentell, daß das Gleichgewicht zwischen einer flüssigen Lösung und *den* möglichen Nachbarphasen, die aus *reinem* Lösungsmittel (im festen, flüssigen oder gasförmigen Zustand) bestehen, nur durch die *molare* Konzentration bestimmt wird. Das heißt, daß sich immer die gleichen, vom gelösten Stoff unabhängigen Konstanten ergeben, wenn man die Konzentration nicht in Gramm, sondern in Molen als Einheit angibt, die den Formelmolen gleich sind.

Die bei diesen Gleichgewichten meßbaren physikalischen Größen sind im folgenden zusammengestellt:

Gleichgewicht von flüss. Lösung und *reinem* Lösungsmittel im	Man beobachtet:
festen Zustand	Gefrierpunktserniedrigung
flüssigen Zustand	Osmotischen Druck
gasförmigen Zustand	Siedepunktserhöhung oder Partialdruck-Erniedrigung

Die von RAOULT (bzw. Nr. 2 von VAN'T HOFF) gefundenen Gesetze sind

1. Gefrierpunktserniedrigung $\triangle T_f = E_f \cdot c$
2. Osmotischer Druck $\Pi = c \cdot RT$
3. Siedepunktserhöhung $\triangle T_s = E_s \cdot c$
4. Dampfdruck-Erniedrigung $\frac{p - p^\circ}{p^\circ} = \frac{n_B}{n_A + n_B} = x_B$

(n_B = Molzahl in Formelmolen; x_B = Molbruch von B; p = Partialdruck des Lösungsmittels über der Lösung; p° = Dampfdruck des reinen Lösungsmittels; R = Gaskonstante; c = Mole B/Liter Lösung).

Hat man also einmal die vom Lösungsmittel abhängigen Konstanten (E_f, E_s, p°) mit Lösungen von Stoffen bekannten Molgewichtes bestimmt, so kann man die Gleichungen zur Bestimmung unbekannter Molgewichte im gleichen Lösungsmittel benutzen, indem man an Stelle von c (in Mol/Liter) schreibt $c = a/M$ (a = Gramm Stoff B im Liter; M = unbekanntes Molgewicht).

In unterschiedlichen Lösungsmitteln brauchen keineswegs immer die gleichen Moleküle aufzutreten, auch kann sich die Konzentration etwa gebildeter Übermoleküle mit der Temperatur ändern. Zur Untersuchung solcher

Fälle sind die Methoden der Bestimmung des osmotischen Druckes und des Partialdruckes von besonderem Wert, weil sie eine Variation der Temperatur bei gleichem Lösungsmittel erlauben und so die Abhängigkeit des gefundenen physikalischen Molgewichtes von der Temperatur ermitteln lassen. Man ist auf diese Weise in der Lage, Gleichgewichte zwischen Übermolekülen aufzufinden und zu entscheiden, ob die Teilchen des gemessenen Molgewichtes wirklich stabil sind.

Solche Übermoleküle sind in allen Fällen ungleichmäßiger Oberflächen-Beschaffenheit der Formelmoleküle möglich; jedoch gelten die RAOULTschen Gesetze in der weitaus größten Mehrzahl der Fälle für die Formelmoleküle, und die Untersuchung hinreichend verdünnter Lösungen bietet sehr oft das einzige Mittel, Molgewichte zu bestimmen.

Das Auftreten von Spaltstücken (z. B. Ionen) läßt sich gelegentlich durch Wechsel des Lösungsmittels verhindern. Beispiel: HCl ist in Äther in Molekülen dispergiert und nicht in Ionen.

9. Nicht lösliche Stoffe

Falls ein Stoff weder unzersetzt verdampfbar ist, noch für ihn ein Lösungsmittel bekannt ist, kann man auch kein Molekül oder ein Molgewicht definieren. Als Beispiele seien genannt Kohlenstoff, für den kein brauchbares Lösungsmittel existiert (in flüssigem Eisen kann man schlecht Gleichgewichte messen!), oder manche Riesenmoleküle der organischen Chemie, wie sie bei Polymerisationsprozessen entstehen. Letztere sind häufig weder löslich noch verdampfbar. Man kann dann nur das ganze Stück der betr. Verbindung als „Riesenmolekül" bezeichnen. Aus der chemischen Reaktion kennt man höchstens die „Bausteine", durch deren periodische Aneinanderreihung das Riesenmolekül zusammengesetzt werden kann. Eine Trennung in kleinere Moleküle ist in diesen Fällen aus dem Grunde unwahrscheinlich, weil die Bindungen zwischen den einzelnen Bausteinen von gleichem Typ sind wie diejenigen innerhalb der Bausteine (Hauptvalenzbindungen).

Bei einer anderen Gruppe von Stoffen, z. B. manchen Salzen, liegt bei der Verdampfungstemperatur bereits ein großer Teil der Formelmoleküle dissoziiert vor (NH_4Cl). Man kann also zwar das Salz verdampfen und auch wieder unverändert kondensieren. Aber trotzdem ist kein dem Formelmolekül entsprechendes Teilchen zu isolieren, dessen physikalische Eigenschaften man untersuchen könnte. Das gleiche gilt für den gelösten Zustand und die Schmelzen dieser Stoffe. Daher kann man auch im kristallisierten Zustand nicht von einem Molekül sprechen. Dies zeigt auch das Röntgendiagramm, in welchem keine abstandsmäßige Bevorzugung eines Cl beobachtet wird.

Es existiert in diesen Fällen zwar auf Grund der chemischen Erfahrungen ein Formelmolekül, mit dem man in Reaktionsformeln rechnet, jedoch gibt es kein physikalisches Molekül, das sich in irgendwelchen physikalischen Eigenschaften reproduziert.

10. Makromoleküle

Bei den allermeisten chemischen Reaktionen entstehen Formelmoleküle e i n h e i t l i c h e r Größe, die zwei bis etwa 50 Atome enthalten. In den erwähnten Polymerisationsprozessen bilden sich weit größere Einheiten, sogenannte Makromoleküle, deren Molgewicht sich gelegentlich bei Vorhandensein eines geeigneten Lösungsmittels bestimmen läßt. Der Bildungsmechanismus dieser Makromoleküle bedingt jedoch eine Besonderheit insofern, als sich nicht nur Moleküle eines genau definierten Molgewichtes, sondern Moleküle eines ganzen Wertebereiches bilden. Dies beruht auf der Zusammenlagerung der Bausteine während der Reaktion zu Ketten oder Netzwerken. Eine Absättigung der Hauptvalenzkräfte an den Enden der Ketten ist eine Frage des Zufalls, und daher entstehen im Laufe der Polymerisation Formelmoleküle, die nicht alle genau gleich groß sind, sondern beispielsweise 800 bis 850 Bausteine enthalten. Man findet experimentell dann natürlich nur ein mittleres Molgewicht, und in dem strengen Sinne der Molekül-Definition kann man auch bei diesen Makromolekülen keine Formelmoleküle definieren.

11. Schlußfolgerung

Nach diesen Betrachtungen über die Grenzen des Molekülbegriffes können wir schließen, daß nur in einigen Fällen Möglichkeiten zur Ermittlung des Molekülbaues bestehen, nämlich dann, wenn 1) das Molekül eindeutig definiert ist und 2) wenn es frei von der Wirkung zwischenmolekularer Kräfte untersucht werden kann. Im wesentlichen sind diese Bedingungen ausschließlich im Gaszustand erfüllt, und bei allen anderen Methoden muß man sehr vorsichtig bei der Auswertung der experimentellen Ergebnisse sein, da diese durch Wirkung außermolekularer Kräfte verfälscht sein können.

II. Molekül-Volumen in Gasen

12. Raumerfüllung von Molekülen aus der VAN DER WAALS-Konstanten b

Um im Gaszustand zu Aussagen über das Molekül-Volumen zu gelangen, kann man sich die groben Vorstellungen der kinetischen Theorie zunutze machen, die in erster Näherung ein Gasmolekül als elastische Kugel endlichen Durchmessers auffaßt. Dies Eigenvolumen findet Berücksichtigung in der VAN DER WAALSschen Zustandsgleichung

$$\left(p+a\cdot\frac{n^2}{V^2}\right)\cdot(V-n\cdot b)=n\cdot RT \quad \text{(für } n \text{ Mole)}$$

in Form der Konstanten b. Um aus diesem b einen Wert des Molekül-Radius r zu bekommen, schließt man folgendermaßen:

Ein stoßendes Molekül ohne eigenen Radius kann jede beliebige Stelle des gesamten Gasvolumens erreichen. Besitzt das stoßende Molekül (2) den Radius r, so kann es sich dem Zentrum des gestoßenen Moleküls 1 (vom gleichen Radius) nur auf den Minimal-Abstand $2r$ nähern (s. Figur 1). Es bleibt dem Molekül also ein Volumen $\frac{4}{3}\pi(2r)^3$ unzugänglich. Dies für die geradlinigen Stoßwege der Moleküle gesperrte Volumen findet sich als Konstante b in der obigen Gleichung. Von den N_L (= $6{,}02.10^{23}$) Molekülen eines Mols kann man in einem gegebenen Augenblick aber nur die Hälfte als stoßend, die andere Hälfte als gestoßen ansehen. Daher dürfen die gesperrten Räume auch nur der Hälfte der N_L Moleküle zugeordnet werden, und es folgt damit

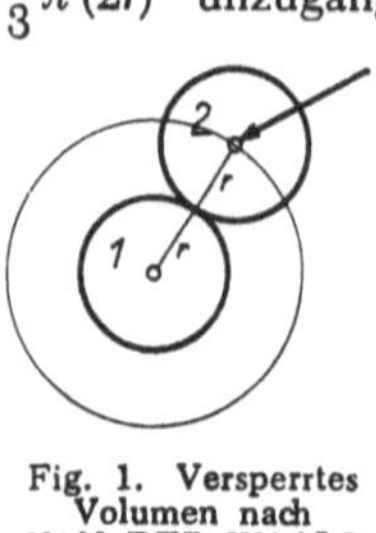

Fig. 1. Versperrtes Volumen nach VAN DER WAALS

für die Konstante b

$$b = \tfrac{1}{2} N_L \cdot \frac{4\pi}{3} (2r)^3$$

oder für den Molekül-Radius

$$r = \sqrt[3]{\frac{3}{16\pi N_L} b} = 0{,}463 \cdot 10^{-8} \cdot \sqrt[3]{b} \text{ [cm]}.$$

Die *Bestimmung von b* erfolgt meist über die aus dem Theorem der übereinstimmenden Zustände abgeleitete Beziehung $b = \frac{1}{3} V_{krit}$. Das kritische Volumen des betr. Stoffes läßt sich am einfachsten und sichersten aus der CAILLETET-MATHIASschen Regel vom geradlinigen Durchmesser bestimmen, welche besagt, daß das arithmetische Mittel aus Dampf- und Flüssigkeitsdichte eine lineare Funktion der absoluten Temperatur ist:

$$\tfrac{1}{2} (\varrho_{fl} + \varrho_{gas}) = \alpha \cdot T + \beta$$

(α, β = Konstanten). Im kritischen Punkt ist $\varrho_{fl} = \varrho_{gas}$, und diesen Wert von ϱ_{krit} ermittelt man durch Einsetzen der kritischen Temperatur T_{krit} in obige Formel, nachdem α und β durch Dichtemessungen unterhalb der kritischen Temperatur festgelegt sind.

Die Formel für b ist ungenau, weil sie Dreierstöße außer acht läßt und ferner die Anziehungskräfte zwischen den Molekülen nicht berücksichtigt, die ein Umbiegen der Bahnen zur Folge haben (vgl. S. 24).

13. Molekül-Radius aus der Inneren Reibung η von Gasen

Die kinetische Theorie der Materie liefert noch eine weitere Methode zur Radiusbestimmung, die sich auf Messungen der Inneren Reibung von Gasen gründet. Dies Verfahren liefert deswegen besonders gute Werte, weil in ihm auch die immer vorhandenen Anziehungskräfte zwischen den Molekülen berücksichtigt und eliminiert werden.

Primär ergibt die kinetische Gastheorie einen direkten Zusammenhang zwischen der sog. „mittleren freien Weglänge" und dem Molekülradius. Die mittlere freie Weglänge bestimmt ferner auch den Mechanismus der Inneren Reibung. Durch Kombination beider folgt damit die gesuchte Abhängigkeit zwischen η und r.

Wir ermitteln zunächst die Zahl Z der Zusammenstöße, die in 1 Sekunde ein Teilchen erleidet. Kennen wir ferner die mittlere Geschwindigkeit $\bar{v}$ des Teilchens, so folgt für die mittlere freie Weglänge $\bar{l} = \bar{v}/Z$, da $\bar{v}$ die Länge des Zickzackweges in 1 Sekunde und Z die Zahl der „Zacken" dieses Weges ist. Nehmen wir ein Molekül der Geschwindigkeit $\bar{v}$ vom Radius r, so fegt dies Teilchen in 1 Sekunde einen Zylinder vom Volumen $\pi r^2 \cdot \bar{v}$ ab und trifft auf alle Moleküle, die der Zylinder enthält, sowie ferner auf alle, die zum Teil in den Zylinder hineinragen. Im Grenzfall werden gerade noch Moleküle getroffen, deren Zentren den Abstand $2r$ von der Zylinderachse haben (vgl. Fig. 2). Es werden also alle Teilchen im Zylinder des Radius $2r$ und der Länge $\bar{v}$ getroffen. Definieren wir n als Teilchenzahl pro cm^3, so enthält der Zylinder also $\pi(2r)^2 \cdot \bar{v} \cdot n$ Teilchen, woraus als Zahl der Zusammenstöße folgt

$$Z = n \cdot \pi(2r)^2 \cdot \bar{v}.$$

Dabei war vorausgesetzt, daß alle Teilchen außer dem betrachteten ruhen. Diese haben aber ebenfalls die mittlere Geschwindigkeit $\bar{v}$, und für die Wirksamkeit der Stöße ist natürlich die Relativgeschwindigkeit, d. h. die (Vektor-) Differenz der beiden Geschwindigkeiten maßgebend. Unter der bisher gemachten Annahme gleich **großer** mittlerer Geschwindigkeit $\bar{v}$ der Teilchen kann nur der Winkel variieren, den

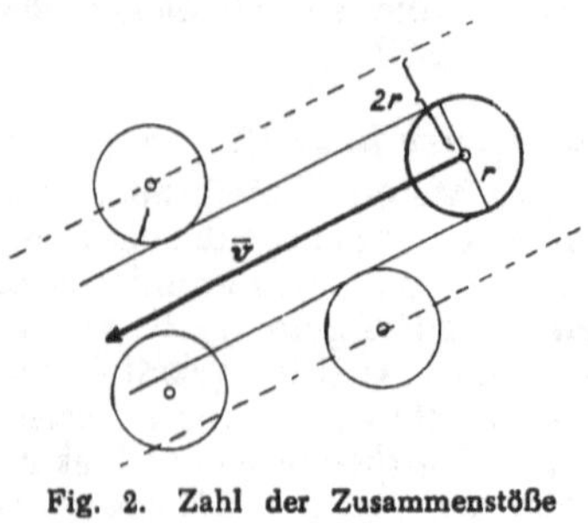

Fig. 2. Zahl der Zusammenstöße

beide Geschwindigkeiten einschließen (vgl. Figur 1). Für den in Figur 3 dargestellten allgemeinen Fall ergibt sich

$v^2_{rel} =$

$= \bar{v}^2 + \bar{v}^2 - 2 \cdot \bar{v} \cdot \bar{v} \cdot \cos\vartheta =$

$= 2\,\bar{v}^2\,(1 - \cos\vartheta).$

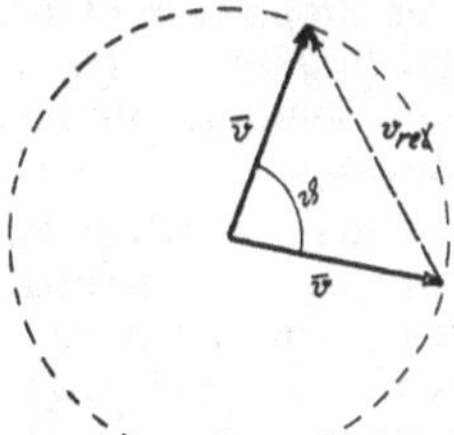

Fig. 3. Relativgeschwindigkeit

Jeder Winkel ϑ ist gleichberechtigt, weswegen man den Mittelwert $\bar{v}_{rel}$ durch Integration über die ganze Kugel erhält. Er folgt zu

$$\bar{v}^2_{rel} = 4\,\bar{v}/3 = 1{,}333 \cdot \bar{v}.$$

Die letzte Vereinfachung, die diese Formel enthält, ist die Annahme gleicher mittlerer Geschwindigkeit $\bar{v}$ aller Teilchen. Sie läßt sich durch Berücksichtigung der MAXWELLschen Geschwindigkeits-Verteilung ausschalten. Dabei erhält man als Faktor nicht 4/3 sondern $\sqrt{2}$, und die exakte Formel für die Zahl der Zusammenstöße pro Sekunde wird

$$Z = \sqrt{2} \cdot n \cdot \pi\,(2r)^2 \cdot \bar{v},$$

woraus für die *mittlere freie Weglänge* $\bar{l}$ sich ergibt

$$\bar{l} = \frac{1}{2\,n\,\pi\,(2r)^2}$$

(n = Teilchenzahl pro cm^3; r = Teilchenradius).

Um $\bar{l}$ experimentell zu bestimmen, benutzt man meist die Innere Reibung. Um zwei parallele Platten in einer Flüssigkeit oder einem Gas relativ zueinander (in der Plattenebene) zu bewegen, findet man experimentell eine Kraft R proportional zur Plattenfläche f und zu dem Geschwindigkeitsgefälle $-\,\partial u/\partial y$, wo y die Koordinatenrichtung senkrecht zu den Plattenebenen bedeutet. D. h.,

$$R = -\,\eta \cdot f \cdot \frac{\partial u}{\partial y}.$$

Der Proportionalitätsfaktor η ist der *Koeffizient der Inneren Reibung*, der nicht mehr von den Apparat-Dimensionen, sondern nur noch vom benutzten Zwischenmedium abhängt.

Um ihn kinetisch zu verstehen, führen wir die Reibungskraft auf die kinetische Bewegung der Gasteilchen zurück. Man kann sagen, daß die Ursache der Reibungskraft (oder besser des Reibungswiderstandes) die gegenseitige Verzahnung der Zickzackbewegungen der Teilchen in benachbarten und gegeneinander bewegten Schichten sein muß.

Nach den NEWTONschen Gesetzen der Mechanik ist Kraft gleich zeitliche Änderung der Bewegungsgröße (= des Impulses) $K = \frac{d}{dt}(m \cdot v)$. Es muß also kinetisch berechnet werden, welcher Gesamtimpuls während 1 Sekunde durch eine Schicht Gas hindurch transportiert wird. Zu diesem Zweck teilen wir die zwischen den bewegten Platten befindliche Gasmenge in Schichten der Dicke $\bar{l}$ ein, damit gerade e i n direkter Stoß zwischen den Teilchen benachbarter Schichten stattfinden kann (vgl. Figur 4). In der y-Richtung nimmt die Geschwindigkeit des Gases zu, die jedes Gasteilchen zusätzlich (zu seiner thermischen Bewegung) infolge der Bewegung der oberen Platte besitzen soll. Innerhalb jeder Schicht nehmen wir diese zusätzliche (nach rechts gerichtete) Geschwindigkeit als konstant an. Die Schicht 1 soll die Zusatz-Geschwindigkeit u_0 (in x-Richtung) haben. Dann wird diese Zusatzgeschwindigkeit in Schicht 2 gleich $u_0 + \frac{\partial u}{\partial y}$ und für die Schicht Null gleich $u_0 - \frac{\partial u}{\partial y}$.

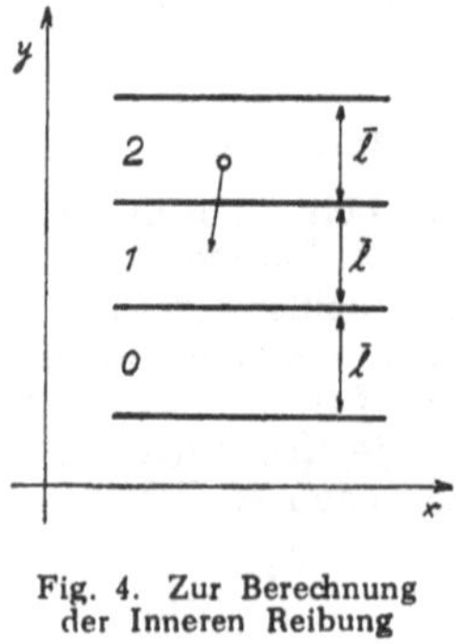

Fig. 4. Zur Berechnung der Inneren Reibung

Für die Berechnung des transportierten Impulses teilen wir schematisch allen Teilchen einer Schicht eine gleiche mittlere thermische Geschwindigkeit w zu, die für je $^1/_6$ der Teilchen in die positive bzw. negative Richtung der 3 Koordinatenachsen x, y, z zeigen soll. Sind im cm^3 Gas N Teilchen vorhanden, so enthält eine Schicht der Dicke $\bar{l}$ je cm^2 der Begrenzungsfläche also $N \cdot \bar{l} \cdot 1$ Teilchen. Ein Sechstel dieser Anzahl in der Schicht 2 bewegen sich senkrecht auf die Schicht 1 zu und übertragen auf sie ihren Impuls

$$-(N/6) \cdot \bar{l} \cdot m \cdot (w + u_0 + \frac{\partial u}{\partial y} \bar{l})$$

(m = Masse eines Teilchens).
(Minus-Zeichen wegen Transportrichtung entgegen der positiven y-Achse.)
Die gleiche Teilchenzahl verläßt gleichzeitig die Schicht 1 nach oben mit dem Impuls

$$+ (N/6)\, \bar{l}\, m\, (w + u_0).$$

Aus Schicht Null tritt nach oben die gleiche Teilchenzahl ein und überträgt ihren Impuls in dieser Richtung. Er hat den Wert

$$+ (N/6)\, \bar{l}\, m\, (w + u_0 - \frac{\partial u}{\partial y} \bar{l}).$$

Gleichzeitig verlassen nach unten $^1/_6$ der Teilchen die Schicht 1 und transportieren ihren Impuls

$$-(N/6)\, \bar{l}\, m\, (w + u_0)$$

nach unten. Die Gesamtimpulsänderung der Schicht 1 ist die Summe dieser 4 Ausdrücke, d. h.

$$d\,(m \cdot v) = -(N/6) \cdot \bar{l}\, m \cdot 2 \frac{\partial u}{\partial y} \cdot \bar{l}.$$

Die Zeit, in der all dies erfolgt, ist die zum Durchlaufen von $\bar{l}$ erforderliche. Da w cm in 1 Sekunde zurückgelegt werden, folgt als Zeit $dt = \bar{l}/w$ [sek]. Damit wird also die Kraft

$$K = \frac{d\,(m\,v)}{dt} = -\frac{N}{3}\, m\, \bar{l}\, w \frac{\partial u}{\partial y}.$$

Durch Vergleich mit der experimentellen Formel, die ebenfalls auf die Plattenfläche $f = 1$ zu beziehen ist, folgt dann für den Koeffizienten der Inneren Reibung

$$\eta = \frac{N}{3} \bar{l}\, m\, w,$$

Einsetzen des Wertes für die mittl. freie Weglänge gibt

$$\eta = \frac{1}{3\sqrt{2}} \cdot \frac{m \cdot w}{\pi (2r)^2}.$$

η ist also proportional der mittleren Molekül-Geschwindigkeit w oder wegen $m \cdot w^2/2 = kT$ proportional zu $\sqrt{T}$. Im Experiment findet man nun eine etwas stärkere T-Abhängigkeit der inneren Reibung. Für diesen Tatbestand fand SUTHERLAND (1893) eine einleuchtende Erklärung. Infolge der immer vorhandenen Anziehungskräfte zwischen den Molekülen kommt es nämlich zu Krümmungen der an sich geradlinigen Stoßbahnen, falls zwei Teilchen dicht aneinander vorbeifliegen (s. Figur 5). Deswegen erscheint der Teilchendurchmesser $2r$ auf einen Wert $2b_0$ vergrößert. Je höher nun die Geschwindigkeit des fliegenden Teilchens ist, um so kleiner wird dessen Ablenkung durch die Anziehungskraft sein. Daher muß die Korrektur mit zunehmender Temperatur geringer werden, wie die Formel auch angibt. Nach SUTHERLAND kann man die Beziehung zwischen r und b mit den Gleichungen der Mechanik berechnen zu

$$(2b_0)^2 = (2r)^2 \cdot \left(1 + \frac{C}{T}\right).$$

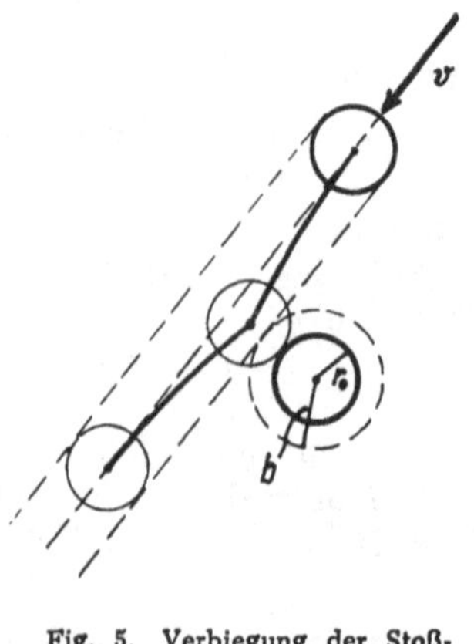

Fig. 5. Verbiegung der Stoßbahn durch Anziehungskräfte

Die *SUTHERLANDsche Konstante* C hängt noch von der Art der

Anziehungskräfte, das heißt vom Stoff ab. Man bestimmt C aus η-Messungen bei verschiedenen Temperaturen unter Benutzung der verbesserten Formel

$$\eta = \frac{1}{3\sqrt{2}} \cdot \frac{m \cdot w}{\pi \cdot (2r_0)^2 \cdot (1 + C/T)},$$

wobei für $w = \sqrt{\frac{8\,kT}{\pi \cdot m}}$ einzusetzen ist.

Diese stark schematisierte Theorie der Inneren Reibung wurde von CHAPMAN exakt unter Berücksichtigung der MAXWELLschen Geschwindigkeitsverteilung durchgerechnet, wobei einzig der Zahlenfaktor $1/3\sqrt{2} = 0{,}236$ durch 0,499 ersetzt werden muß. Als endgültige Formel für den wahren Moleküldurchmesser $2r$ hat man daher

$$2r = \sqrt{\frac{0{,}499\,mw}{\pi\eta} \cdot \frac{1}{1 + C/T}}.$$

14. Streuung langsamer Elektronen an Gasen

Eine weitere Methode zur Radiusbestimmung, die ebenfalls noch das grobe kinetische Modell einer starren Kugel benutzt, ergibt sich aus der Auswertung des Intensitätsverlustes, den ein durch ein verdünntes Gas geschickter Elektronenstrahl erleidet. Da die Moleküloberfläche aus Elektronenhüllen der beteiligten Atome besteht, können wir ihre Lage abtasten, indem wir Elektronen nicht zu hoher Geschwindigkeit durch das Gas schießen. Sie werden dann im einfachsten Fall an den Elektronen der Moleküloberfläche elastisch reflektiert und verschwinden demzufolge infolge Richtungsänderung aus dem primär einfallenden Elektronenstrahl der Intensität J_0.

Befinden sich N Gasteilchen im Kubikzentimeter und ist Q der Gesamtquerschnitt des Elektronenstrahles, q der Querschnitt eines Gasteilchens, so ist in einem Wegstück dx des Elektronenweges l im Gas die Fläche

$$N \cdot Q \cdot q \cdot dx \quad [\mathrm{cm}^2]$$

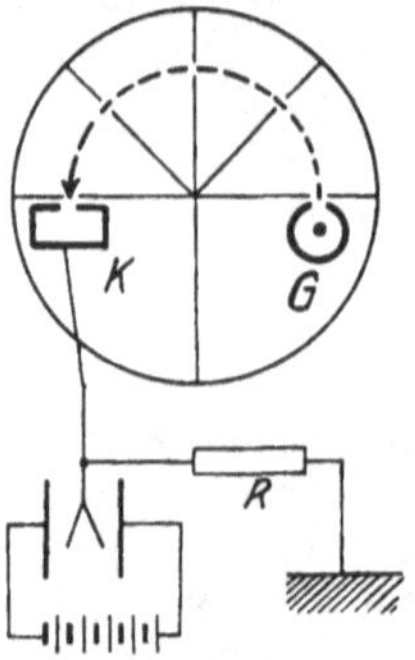

Fig. 6. Streuung langsamer Elektronen

für den Durchgang der Elektronen versperrt. Das Verhältnis von versperrtem Querschnitt zu Gesamtquerschnitt Q ist offenbar gleich dem Intensitätsverlust $-dJ$ in dieser Schicht, geteilt durch die Gesamtintensität J, die in die Schicht primär einfällt:

$$\frac{\text{gesperrte Fläche}}{\text{gesamte Fläche}} = \frac{-dJ}{J} = \frac{N \cdot Q \cdot q \cdot dx}{Q}$$

oder $dJ/J = -N \cdot q \cdot dx$. Integration über alle Schichten, d. h. von $x = o$ bis $x = l$ ergibt

$$J = J_0 \cdot e^{-Nql}. \quad (1)$$

Die von RAMSAUER stammende Versuchsanordnung (vgl. Fig. 6) benutzt zwecks Aussiebung von Elektronen definierter Geschwindigkeit einen durch ein Magnetfeld zum Kreis gebogenen Elektronenstrahl, der durch Blenden in seiner Richtung fixiert ist. Das Gas befindet sich unter vermindertem Druck in einer evakuierbaren Kammer, die als Elektronenquelle einen Glühdraht G, als Auffänger der Elektronen einen FARADAY-Käfig K und Lochblenden enthält. Man mißt die in K eintreffende Elektronenmenge z. B. an der Aufladung eines statischen Galvanometers, das über einen hohen Widerstand R zur Erde abgeleitet ist.

J_0 findet man im hochevakuierten Zustand, J nach Einfüllen von Gas mit etwa 0,1 mm Hg Druck (letzterer bestimmt N). l ist aus den Apparatdimensionen bekannt, so daß q aus Gl. (1) berechnet werden kann.

Die Auswahl von Elektronen bestimmter Geschwindigkeit ist deswegen bedeutungsvoll, weil man voraussehen kann, daß wegen der gleichnamigen Ladung von Moleküloberfläche und stoßenden Elektronen eine Annäherung der Geschosse um so weiter erfolgen wird, je höher man die Geschwindigkeit der Elektronen wählt. Der Querschnitt q sollte also mit zunehmender Geschwindigkeit der Elektronen abnehmen und bei langsamen Elektronen einen Grenzwert erreichen. Dies ergibt auch das Experiment, wie Figur 7 zeigt, in welcher Messungen an Krypton wiedergegeben sind. Außerdem zeigt die Figur aber, daß bei n o c h langsameren Elektronen der Querschnitt wieder absinkt; die Geschosse durchqueren anscheinend die Elektronenhüllen der Atome (RAMSAUER-Effekt, 1920). Zur Auswertung auf Molekülradien kann man offenbar nur diejenige Stelle der Kurve brauchen, bei der — wenigstens in einem kleinen Bereich der Elektronengeschwindigkeit — der Querschnitt n i c h t von der Geschwindigkeit abhängt. Das ist aber das Maximum der Kurve, das größenordnungsmäßig bei einer Elektronenenergie von 10 e-Volt liegt. (1 e-Volt ist diejenige Energie, die ein Elektron der Masse m_e und der Ladung e nach Durchlaufen einer Potentialdifferenz von 1 Volt zufolge der Gleichung $e \cdot V m_e = w^2/2$ erlangt. Die entsprechende Geschwindigkeit ist $w = 1{,}876 \cdot 10^4 \cdot \sqrt{V}$ [cm/sek]; V in Volt.)

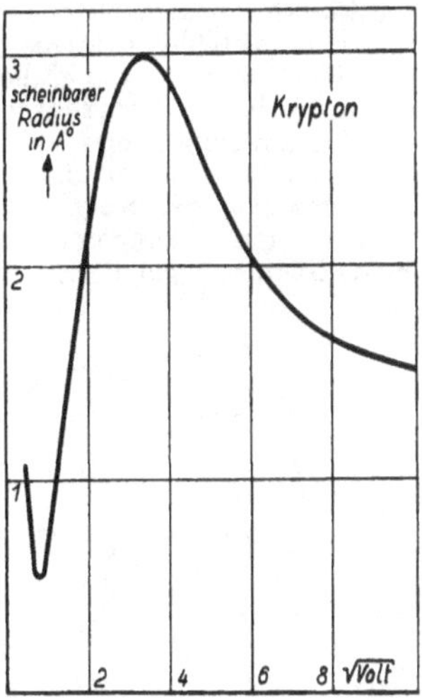

Fig. 7.
RAMSAUER-Effekt an Krypton

III. Molekül-Volumen in Flüssigkeiten

15. Kugelflüssigkeiten

Da der flüssige Zustand durch feste Entfernung der Moleküle bei freier Beweglichkeit gegeneinander gekennzeichnet ist, kann man versuchen, aus der Raumbeanspruchung im flüssigen Zustand Daten für die Ausdehnung eines Moleküls zu berechnen.

Allerdings darf man auch hier nur dann brauchbare Resultate erwarten, wenn die aus dem Gas kondensierenden Teilchen eine hinsichtlich der anziehenden Kräfte homogene Oberfläche besitzen. Sonst bilden sich Übermoleküle, und die in der Flüssigkeit kinetisch frei beweglichen Teilchen sind größer als die Gasmoleküle. Es ist fraglich, ob solche Übermoleküle im flüssigen Zustand ein größeres oder kleineres Volumen beanspruchen, da man nicht weiß, ob die im Übermolekül ausgebildete Abweichung von der Kugelsymmetrie zu einer raumsparenden oder lockeren Packung der Teilchen im flüssigen Zustand führt. Beide Fälle sind möglich.

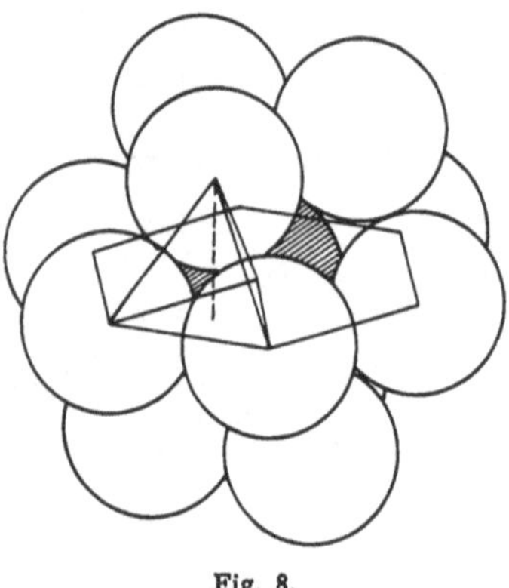

Fig. 8.
Hexagonal-dichteste Kugelpackung

Für den Fall, daß die Moleküloberfläche angenähert homogen ist, kann man auch im flüssigen Zustand mit dem Modell starrer Kugeln arbeiten, zwischen denen nicht gerichtete Anziehungskräfte vorhanden sind. Das Minimum an potentieller Energie wird für eine solche „Kugelflüssigkeit" dann erreicht, wenn jede Kugel eine möglichst große Zahl von Nachbarn besitzt.

Die dichteste (hexagonale) Kugelpackung zeigt Figur 8, aus der man erkennt, daß jedes Teilchen 12 Nachbarn hat, von denen 6 in einer Ebene liegen. Die ganze Flüssigkeit kann man sich aus solchen gegeneinander versetzten Ebenen aufgebaut denken. Der von den Kugeln erfüllte Raum V_K läßt sich im Verhältnis zum Gesamtvolumen V_G leicht berechnen, indem man die Anzahl Kugeln des Radius r in einem Würfel der Kantenlänge l aus Reihen und Schichten zusammensetzt:

1. In einer Reihe ist der Abstand zweier Kugeln gleich dem Kugeldurchmesser $2r$. Eine Reihe der Länge l enthält also $K = l/2r$ Kugeln.

2. Die Reihen haben einen Abstand gleich der Höhe des gleichseitigen Dreiecks mit der Seitenlänge $2r$; also den Abstand $\frac{2r}{2}\sqrt{3} = r \cdot \sqrt{3}$. Auf die Kantenlänge l passen also $R = l/(r \cdot \sqrt{3})$ Reihen.

3. Die Schichten solcher hexagonal gepackter Kugeln haben einen Abstand gleich der Höhe des Tetraeders der Seitenlänge $2r$, also $\frac{2r}{3}\sqrt{6}$. Auf die Höhe l unseres Würfels entfallen also $S = \frac{l \cdot 3}{2r \cdot \sqrt{6}}$ Schichten. — Die Kugelzahl Z im Würfel des Gesamtvolumens l^3 folgt also zu

$$Z = K \cdot R \cdot S = \frac{l^3}{r^3} \cdot \frac{1}{4 \cdot \sqrt{2}}.$$

Somit erfüllen die Kugeln zusammen das Volumen $V_K = \frac{4}{3}\pi r^3 \cdot \frac{l^3}{r^3} \cdot \frac{1}{4\sqrt{2}}$, und das Verhältnis von Kugelvolumen zu Gesamtvolumen V_G ist $V_K/V_G = \pi/(3 \cdot \sqrt{2}) \approx 0{,}74$. Es werden also (unabhängig vom Kugelradius!) rund 74% des Gesamtvolumens von den Kugeln eingenommen.

Wählen wir nun ein Volumen V_M, das genau ein Mol Flüssigkeit des Molgewichtes M enthält, so gilt $V_M = M/\varrho$ (ϱ = Dichte der Flüssigkeit), und dies ist unter der Annahme der obigen Packung zu 74% von den Kugelmolekülen erfüllt, deren Zahl $N_L = 6{,}02.10^{23}$ und deren Einzelvolumen $\frac{4}{3}\pi r^3$ ist. Das ergibt die Gleichung

$$(M/\varrho) \cdot (\pi/3\sqrt{2}) = \frac{4}{3}\pi r^3 \cdot N_L.$$

Für den Radius r folgt dann

$$r = 0{,}6646 \cdot 10^{-8} \cdot \sqrt[3]{\frac{M}{\varrho}} \text{ [cm]}.$$

Nun hängt aber ϱ noch von der Temperatur ab, und es ist nötig, die r-Werte auf eine fiktive Flüssigkeit am absoluten Nullpunkt zu extrapolieren. Infolge der Temperaturbewegung nehmen die Moleküle bei endlicher Temperatur natürlich immer ein gegenüber ihrer wirklichen Ausdehnung zu großes Volumen ein. Dabei hilft die experimentelle Erfahrung, daß in erster Näherung die Dichte ϱ sich proportional der Temperatur ändert. So berechnet man am einfachsten die (fiktive) Dichte der Flüssigkeit am absoluten Nullpunkt.

16. Monomolekulare Schichten

In Sonderfällen tritt beim Versuch, einen Stoff aufzulösen, nur Bildung einer Oberflächenschicht ein, wie im Fall höherer aliphatischer Alkohole und höherer Fettsäuren. Es handelt sich dann um Moleküle, die nur in einem Teil ihrer Molekülоberfläche so starke Anziehungskräfte von den Lösungsmittelmolekülen erfahren, daß sie ihren eigenen Zusammenhalt teilweise aufgeben.

Man mißt nach dem Vorgang von LANGMUIR die von einer bestimmten Gramm-Menge Stoff auf einem Lösungsmittel eingenommene Fläche mit der sogen. *Filmwaage*, die erlaubt, den Druck zu messen, der beim Zusammenschieben der auf der Oberfläche des Lösungsmittels sitzenden Teilchen aufgewendet werden muß. Diese Kraft zeigt einen steilen Anstieg in dem Augenblick, in welchem die Teilchen der Schicht in engster Packung vorliegen. Um aus dieser ebenen Packung e i n e Kugel herauszupressen, bedarf es einer erheblich höheren Kraft als der zum Zusammenschieben erforderlichen. Das ist am Beispiel einer Schicht Glas-Perlen auf einer horizontalen Fläche leicht zu demonstrieren!

Die aus dem Druck-Fläche-Diagramm (Figur 9) erhaltene cm^2-Zahl f stellt offenbar die bei engster Packung der m Gramm Teilchen notwendige dar. Ist M das Molgewicht des Stoffes, so enthalten m *Gramm* $(m/M) \cdot N_L$ Moleküle. Der *Querschnitt* q eines Moleküls ergibt sich damit zu

$$q = \frac{f \cdot M}{m \cdot N_L} [cm^2].$$

Da es sich hier ausnahmslos um langgestreckte Moleküle handelt, kann man keinen mittleren Molekül-Radius ausrechnen, sondern nur den Durchmesser der Moleküle in der Ebene der experimentellen Oberfäche. Jedoch läßt sich auch ein Näherungswert für die Länge l der Moleküle abschätzen, wenn man die Dichte ϱ der Teilchen in der Oberflächenschicht als die gleiche annimmt wie im kompakten flüssigen Zustand des Stoffes. Dies ist aber wegen des hohen Ordnungsgrades der Teilchen in der Oberfläche (Ausrichtung aller Moleküle in der gleichen Weise) sicher nur eine grobe Näherung. Man könnte versuchen, die wahre Dichte der Oberflächenschicht mittels Röntgenstrahlbeugung zu erschließen.

Unter der obigen Annahme über die Dichte folgt für die Dicke l der Oberflächenschicht, die mit der Moleküllänge identisch gesetzt wird, aus der Beziehung $l \cdot f = m/\varrho$ cm^3 für die *Länge* $l = m/(f \cdot \varrho)$; denn m/ϱ ist das Volumen von m Gramm Substanz. f ist die aus der Druck-Fläche-Kurve entnommene cm^2-Zahl beim Sprung.

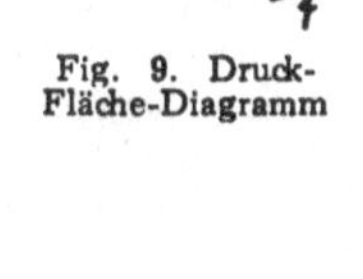

Fig. 9. Druck-Fläche-Diagramm

IV. Einwirkung elektrischer Felder

17. Molekül-Radius aus der Polarisierbarkeit

Auch bei Untersuchung von Molekülen im elektrischen Feld kann man zunächst wieder das grobe Bild eines Kugel-Moleküls benutzen, das aber hinsichtlich der elektrischen Eigenschaften dieser Kugel einer aus der Atomtheorie stammenden Erweiterung bedarf. Wir erinnern uns an die Unterteilung der Atome in negativ geladene Elektronenhülle und positiv geladenen Kern. Ebenso hat ein Molekül sein Kernskelett, das von einem Teil der Elektronen eingehüllt ist. Die in den Methoden des Kapitels I benutzte Starrheit des Kugelmoleküls wird nun insofern aufgegeben, als wir eine Verschieblichkeit der negativen Elektronenhülle gegenüber dem Kernskelett erwarten dürfen, wenn das Molekül in ein elektrisches Feld gebracht wird. Man sagt, das Molekül wird „polarisiert". Dabei ist an ein Molekül hoher Symmetrie gedacht, wie CCl_4 oder H_2, in dem auf Grund seines symmetrischen Baues die Schwerpunkte von positiver und negativer Ladung zusammenfallen. Die Polarisierung im elektrischen Feld besteht also in einer räumlichen Trennung der Ladungsschwerpunkte. Man mißt sie durch das Moment $\mathfrak{p}$ des entstandenen Dipols, das als Produkt aus Ladung e im positiven Schwerpunkt und Entfernung l der Schwerpunkte definiert ist: $\mathfrak{p} = e \cdot l$ (induziertes Dipolmoment).

Man kann einzeln weder die Größe e der Ladung noch den Abstand l messen, sondern nur das Produkt beider. Meist rechnet man in Molekülen mit Ladungen, die in der Größenordnung einer Elementarladung liegen, und beurteilt danach die Größe der Verschiebung l. In der Unmöglichkeit dieser Aufteilung liegt eine der großen Schwierigkeiten in der Theorie der Chemischen Bindung (vgl. Abschn. Molekulare Deutung von Dipolmomenten. S. 46.

Das durch Influenz im Molekül erzeugte Dipolmoment $\mathfrak{p}$ ist natürlich von der Stärke des angewandten Feldes abhängig; man setzt es (am einfachsten) proportional der Feldstärke $\mathfrak{E}$ [Volt/cm]:

$$\mathfrak{p} = \alpha \cdot \mathfrak{E}.$$

Der Faktor α wird als (statische) Polarisierbarkeit des Moleküls bezeichnet.

Wie man α am einfachsten mißt, wird später (vgl. S. 34) besprochen. Zunächst interessiert der von CLAUSIUS und MOSOTTI zuerst gefundene Zusammenhang von α mit dem mittleren Radius des Moleküls. Wir benutzen zur Ableitung ein einfaches Modell, das dem Atombau Rechnung trägt, während CLAUSIUS und MOSOTTI eine Theorie anwendeten, nach der ein Stoff aus elektrisch leitenden Kugeln des Radius r aufgebaut sei.

Wir nehmen an, daß (Figur 10) eine Ladung $-e$ um einen positiv geladenen Atomkern gleicher Ladung $+e$ kreise. Das elektrische Feld $\mathfrak{E}$ sucht die Ladungsschwerpunkte um die Strecke x zu trennen. Diese vom Feld ausgehende Kraft K ist nach der Grundgleichung der Elektrodynamik $K = e \cdot \mathfrak{E}$. Konstantes x herrscht dann, wenn dieser Kraft durch die COULOMBsche Anziehung von Elektron und Kern das Gleichgewicht gehalten wird. Es ist $K_{coul} = (e \cdot e)/r^2$, aber von dieser Kraft liegt nur die Komponente $K_{coul} \cdot \cos\varphi = K_{coul} \cdot (x/r) = (e^2 x/r^3)$ in Richtung der äußeren Kraft $e \cdot \mathfrak{E}$. Daher lautet die Gleichgewichtsbedingung

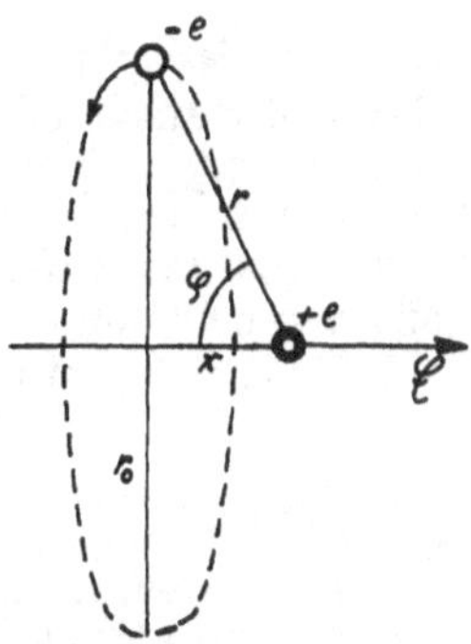

Fig. 10. Zur CLAUSIUS-MOSOTTIschen Beziehung

$$\frac{e^2 x}{r^3} = e \cdot \mathfrak{E}.$$

Das Dipolmoment $\mathfrak{p}$ des induzierten Dipols ist laut Definition $\mathfrak{p} = e \cdot x$. Einsetzen dieses Wertes ergibt $\mathfrak{p} = r^3 \cdot \mathfrak{E}$. Nehmen wir für x nur relativ zu r kleine Abstände an, so ist $r \approx r_0$, und wir finden

$$a = r_0^3$$

und damit die Möglichkeit, den Radius r_0 des influenzierten Teilchens zu bestimmen.

Daß dies auch bei Molekülen zu richtigen Werten führt, kann man an dem benutzten Modell leicht erläutern. Wie groß nämlich die Ladung e des Modells ist, geht in die ganze Ableitung nicht ein. Nur benutzt man, daß die Ladung genau in der Oberfläche des Moleküls sitzt, und dieses ungefähr kugelsymmetrisch ist. Das erstere ist aber sicher richtig, da gerade die äußeren Elektronen der Molekülоberfläche wegen ihrer relativ großen Entfernung von den Kernen an leichtesten verschieblich sein dürften.

18. Polarisierbarkeit und Dielektrizitätskonstante (DK)

Das einfachste Verfahren zur Bestimmung der Polarisierbarkeit gründet sich auf die Messung der *DK* des Stoffes. Man definiert die *DK* als Faktor ε, mit dem man die im Vakuum gemessene Kapazität C_v eines Kondensators multiplizieren muß, um seine Kapazität C_m zu finden, die er bei Füllung mit dem betr. Medium besitzt:

$$C_m = \varepsilon \cdot C_v.$$

Um den Zusammenhang dieser Beziehung mit den elektrischen Feldstärken im Vakuum und im Medium zu finden, denkt man einen Plattenkondensator im Vakuum auf die Spannung U_v aufgeladen. Dabei geht die Ladung Q [Coulomb] auf jede Platte über, und nach Abtrennung des Kondensators von der Spannungsquelle zeigt ein statisches Voltmeter der Spannung U_v an. Die Definition der Kapazität als Ladung Q pro Volt angelegter Spannung liefert dann $C_v = Q/U_v$ [Ampsek/Volt = Farad]. Bringt man jetzt zwischen die Platten das Medium, so sinkt die angezeigte Spannung auf einen Wert U_m, d. h. die Kapazität hat sich auf den Betrag $Q/U_m = C_m$ erhöht, während die wirklich auf den Platten sitzende Ladung Q sich durch Einführung des isolierenden Mediums nicht geändert haben kann. Für das Verhältnis C_m/C_v folgt daher

$$(2)\qquad \frac{C_m}{C_v} = \frac{U_v}{U_m} = \frac{\mathfrak{E}_v}{\mathfrak{E}_m} = \text{const.} \equiv \varepsilon,$$

wobei noch die Definition der Feldstärke $\mathfrak{E} = U/d$ (d = Entfernung der Platten) berücksichtigt ist.

Zur Messung von ε vergleicht man z. B. mit irgendeiner Brückenmethode oder Substitutionsmethode die Kapazitäten des leeren und des gefüllten Kondensators.

Es gilt jetzt nur noch, die makroskopische Meßgröße ε mit molekularen Eigenschaften in Beziehung zu bringen. Hierzu erinnern wir uns, daß durch das Feld $\mathfrak{E}_v$ im Kondensator in jedem Molekül des Mediums ein Dipol influenziert wird. An jeder der einer Kondensatorplatte zugewandten Endflächen des Mediums wird also Ladung entgegengesetzten Vorzeichens zu der der Platte vorhanden sein, die einen Teil der auf den Kondensatorplatten sitzenden „wahren" Ladung Q bindet, so daß dieser Anteil nicht mehr zum Zustandekommen des elektrischen Feldes im Kondensator beitragen kann. Ist Q_{infl} die Zahl dieser influenzierten Ladungen, so bestimmt sich die Feldstärke $\mathfrak{E}_m$ im Medium durch die restlichen Ladungen $Q - Q_{infl}$.

Der Zusammenhang mit $\mathfrak{E}_v$ wird durch die allgemeine Formel für die Feldstärke im Plattenkondensator geliefert $\mathfrak{E}_v = 4\pi\sigma$ mit $\sigma = Q/F$ als der Flächendichte der wahren Ladungen (F = Fläche einer Platte). Danach ist also $\mathfrak{E}_v = 4\pi Q/F$ und zufolge den obigen Betrachtungen im Kondensator m i t Medium

$$\mathfrak{E}_M = 4\pi \cdot \frac{Q - Q_{infl}}{F} = 4\pi\sigma - 4\pi\mathfrak{P}.$$

In der letzten Gleichung haben wir die *Flächendichte der influenzierten Ladungen* $Q_{infl}/F \equiv \mathfrak{P}$ gesetzt. $\mathfrak{P}$ wird als *Polarisation* bezeichnet. Damit kann man auch schreiben

$$4\pi\sigma = \mathfrak{E}_M + 4\pi\mathfrak{P}$$

und durch Einführen der *DK* ε aus Gl. (2)

$$\mathfrak{P} = \frac{\mathfrak{E}_v + \mathfrak{E}_m}{4\pi} = \frac{(\varepsilon - 1)\cdot\mathfrak{E}_M}{4\pi}. \tag{3}$$

Das im Molekül influenzierte Moment kann man nun dadurch e i n f ü h r e n , daß man für $\mathfrak{P}$ eine zweite gleichwertige Definition sucht, die den Begriff des Momentes enthält. Das ganze „polarisierte" Medium im Inneren des Kondensators können wir als Riesendipol auffassen, in welchem die Ladung Q_{infl} den Abstand d (= Entfernung der Kondensatorplatten) besitzt. Sein Gesamtmoment ist also $Q_{infl} \cdot d$. Drücken wir nun Q_{infl} mittels der Definitionsgleichung $Q_{infl} = \mathfrak{P} \cdot F$ durch $\mathfrak{P}$ aus, so folgt also für das Gesamtmoment des Riesendipols der Wert $\mathfrak{P} \cdot F \cdot d$. Da aber $F \cdot d$ das Volumen des Mediums zwischen den Kondensatorplatten ist, ergibt sich als zweite Bedeutung der Polarisation

$\mathfrak{P}$ = *Dipolmoment der Volumeinheit.*

Dies Moment kann man sich vom molekularen Standpunkt aus vorstellen als zusammengesetzt aus den influenzierten Dipolmomenten $\mathfrak{p}$ der einzelnen Moleküle. Enthält der Stoff N Moleküle in der Volumeneinheit, so gilt also

$$\mathfrak{P} = N \cdot \mathfrak{p} = N \cdot \alpha \cdot \mathfrak{E}. \tag{4}$$

($\mathfrak{E}$ ist hier die im I n n e r n des Mediums an einem beliebigen Molekül angreifende Feldstärke, sogen. „inneres Feld", das nicht mit $\mathfrak{E}_M$ oder $\mathfrak{E}_v$ übereinzustimmen braucht! s. unten.)

Kombinieren wir die Gleichungen (3) und (4) für die Polarisation $\mathfrak{P}$, von denen die erste aus der makroskopischen, die zweite aus der molekularen Betrachtungsweise gefunden war, wie folgt

$$\frac{\varepsilon - 1}{4\pi} \cdot \mathfrak{E}_M = N \cdot \alpha \cdot \mathfrak{E}$$

als Zusammenhang von α mit ε. Es fehlt nur noch die Berechnung eines Wertes für das „innere Feld" $\mathfrak{E}$, das natürlich von $\mathfrak{E}_M$ und außerdem über $\mathfrak{P}$ noch vom Material abhängt.

Man berechnet für Zwecke der Auswertung auf Molekül-Konstanten üblicherweise nicht $\mathfrak{P}$ pro Kubikzentimeter, sondern für das Volumen von 1 Mol Teilchen ($= M/\varrho$ = Molgewicht/Dichte) und bezieht ferner auf die Feldstärke $\mathfrak{E} = 1$. Man bildet also

$$P' \equiv \mathfrak{P} \cdot \frac{M}{\varrho} \cdot \frac{1}{\mathfrak{E}} = \frac{\varepsilon - 1}{4\pi} \cdot \frac{M}{\varrho} \cdot \frac{\mathfrak{E}_M}{\mathfrak{E}} = N_L \cdot \alpha. \tag{5}$$

19. Inneres Feld für unpolare Gase

Stellen wir uns als Medium ein Gas vor, so sind alle Moleküle infolge ihrer thermischen Bewegung ungeordnet, obwohl sie vom Feld polarisiert werden. Daher wird man als inneres Feld, das auf ein Molekül im Inneren einwirkt, dasjenige nehmen dürfen, das im Zentrum eines kugelförmigen Hohlraumes im Medium vorhanden ist.

Sitzt auf einer Kondensatorplatte die Ladung Q, so entspricht dem eine influenzierte Ladung Q_{infl} auf der angrenzenden Fläche des Mediums. Die negativen Dipolenden in einem Flächenelement df (s. Figur 11) haben ihre positiven Enden in einem Flächenelement df_k auf der Kugel, dessen Größe jedoch mit dem Winkel ϑ wechselt nach der Beziehung $df = df_k \cdot \cos\vartheta$. Daher ist auch die Flächendichte $\mathfrak{P}_k$ der Ladungen auf der Kugel nicht konstant, denn die Ladungsmenge in df muß gleich der in dem entsprechenden df_k sein; also muß gelten $\mathfrak{P} \cdot df = \mathfrak{P}_k \cdot df_k$, woraus für $\mathfrak{P}_k$ folgt

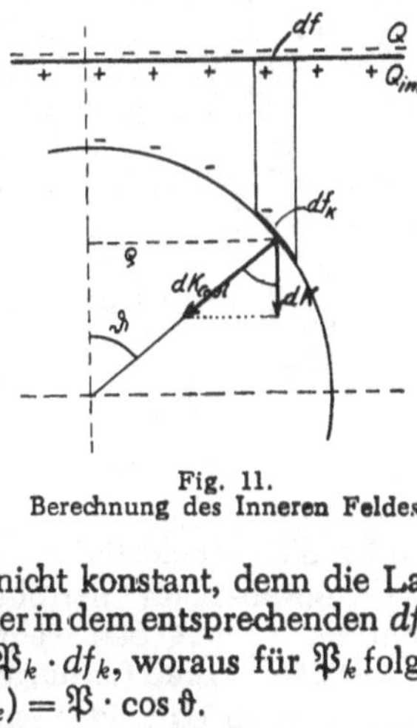

Fig. 11.
Berechnung des Inneren Feldes

$$\mathfrak{P}_k \equiv \mathfrak{P} \cdot (df/df_k) = \mathfrak{P} \cdot \cos\vartheta.$$

Die Kraft K auf eine Ladung $e = 1$ im Zentrum der Kugel kann wegen der Kreissymmetrie der Ladungsverteilung auf der Kugel nur eine Vertikalkomponente haben. Diese Kraft gibt gleichzeitig nach der Grundgleichung $K = e \cdot \mathfrak{E}_k$ den Wert der Feldstärke E_k im Kugelzentrum. (Beide Halbkugeln tragen Ladungen verschiedenen Vorzeichens; deren Effekte addieren sich jedoch.)

Nach dem Coulombschen Anziehungsgesetz ist die von einem Oberflächenelement df_k der Kugel (mit der Ladung $\mathfrak{D}_k \cdot df_k$) herrührende Kraft auf eine Einheitsladung $dK_{coul} = (1 \cdot \mathfrak{P}_k \cdot df_k)/R^2$. Die Vertikalkomponente dieser Kraft dK ist

$$dK = dK_{coul} \cdot \cos\vartheta = (\mathfrak{D}_k \cdot df_k \cdot \cos\vartheta)/R^2$$
$$= \mathfrak{P} \cdot df_k \cdot \cos^2\vartheta/R^2.$$

Zur Summation all dieser Kräfte muß df_k als Funktion der Polarkoordinate ϑ ausgedrückt werden. Um die Kreissymmetrie auszunutzen, wählen wir als Flächenelemente Kreisringe auf der Kugel, da auf diesen die Vertikalkomponente dK an jeder Stelle den gleichen Wert besitzt. Als Funktion von ϑ ist die Länge eines solchen Ringes $2\pi\varrho = 2\pi \cdot R \cdot \sin\vartheta$ und seine Breite $R \cdot d\vartheta$ (da ϑ im absoluten Winkelmaß auf dem Einheitskreis gemessen wird). Also folgt als Flächenelement $df_k = 2\pi R^2 \cdot \sin\vartheta \cdot d\vartheta$ und damit für

$$K = \frac{\mathfrak{D}}{R^2} \cdot 2\pi R^2 \cdot \int_0^\pi \sin\vartheta \cdot \cos^2\vartheta \, d\vartheta = 2\pi\mathfrak{P} \cdot \left[-\frac{\cos^3\vartheta}{3}\right]_0^\pi$$
$$= 2\pi\mathfrak{P} \cdot \frac{2}{3}$$

$$K = \frac{4\pi}{3} \cdot \mathfrak{P} = \mathfrak{E}_k.$$

Außer dieser Feldstärke $\mathfrak{E}_k$, die von den Ladungen an der Kugeloberfläche herrührt, wirkt ferner auf das Kugelzentrum die von den wahren Ladungen Q herrührende Feldstärke $\mathfrak{E}_v$ und (in umgekehrter Richtung) die von den influenzierten Ladungen an den Endflächen des Mediums herrührende Feldstärke $4\pi\mathfrak{P}$, so daß also das *Innere Feld* $\mathfrak{E}$ *im Kugelhohlraum* sich insgesamt ergibt zu

$$\mathfrak{E} = \frac{4\pi}{3}\mathfrak{P} + \mathfrak{E}_v - 4\pi\mathfrak{P} = \frac{4\pi}{3}\mathfrak{P} + \mathfrak{E}_M.$$

Setzen wir diesen Wert in die allgemeine Formel (5) ein, so folgt,

$$(\varepsilon - 1) \cdot \frac{M}{\varrho} \cdot \frac{\mathfrak{E}_M}{\frac{4\pi}{3} + \mathfrak{E}_M} = N_L \cdot \alpha.$$

$\mathfrak{P}$ läßt sich ebenfalls noch durch $\mathfrak{E}_M$ ausdrücken zufolge Gl. (3). Also hat man schließlich

$$\frac{\varepsilon - 1}{4\pi} \cdot \frac{M}{\varrho} \cdot \frac{1}{\frac{\varepsilon - 1}{3} + 1} = N_L \cdot \alpha.$$

Durch Multiplikation mit $4\pi/3$ auf beiden Seiten folgt die bekannte Formel für die *Molpolarisation*

$$P \equiv \frac{\varepsilon - 1}{\varepsilon + 2} \cdot \frac{M}{\varrho} = \frac{4\pi}{3} N_L \cdot \alpha,$$

die zur Auswertung auf α und damit auf den Molekülradius geeignet ist. Denn links stehen nur Größen (ε, M, ϱ), die makroskopisch meßbar sind. Wir wiederholen: Die Molpolarisation P ist das $4\pi/3$-fache der auf 1 Mol Stoff und die Feldstärke 1 bezogene Polarisation $\mathfrak{P}$ des betr. Stoffes.

20. Molrefraktion

Die Messung der DK durch Bestimmung der Kapazität eines Kondensators erfordert normalerweise die Anwendung von Wechselstrom. Dabei kann der C-Wert von der Frequenz des Wechselstromes abhängen, und man muß zur Bestimmung der oben definierten statischen DK auf die Frequenz Null extrapolieren.

Ebenso ist es möglich, die Polarisierbarkeit α mit sehr hochfrequenten Feldern zu ermitteln. Solche hat man sehr einfach im *optisch sichtbaren* Licht zur Verfügung. Die zu bestimmende Meßgröße ist in diesem Fall der Brechungsindex n_{op}, und die Formeln sind nach der elektromagnetischen Lichttheorie einfach dadurch abzuändern, daß man ε durch n^2 ersetzt. Die Größe

$$\frac{n^2-1}{n^2+2}\cdot\frac{M}{\varrho}=R$$

bezeichnet man als *Molrefraktion.* Auch sie liefert einen Wert für die (optische) Polarisierbarkeit α nach der gleichen Formel wie oben:

$$R=\frac{4\pi}{3}N_L\cdot\alpha.$$

Beide α (aus ε und n_{op}) sind meist identisch, da bei der Wechselwirkung von elektrischem Feld und Moleküloberfläche nur die Elektronen ansprechen.

Anders liegen die Verhältnisse bei Verwendung von Ultrarot-Licht, da im Bereich dieser Frequenzen (λ = 2 bis 30 μ) die Eigenschwingungen der Atome liegen, die daher ebenfalls angeregt werden. Demgemäß folgt in diesem Fall auch eine *Polarisierung der Atome*, und man mißt Elektronenpolarisation P_E und Atompolarisation P_A zusammen. Als Formel ist also zu benutzen

$$P_E+P_A=\frac{n^2_\infty-1}{n^2_\infty+2}\cdot\frac{M}{\varrho}=R_\infty,$$

in welcher n_∞ der unter Berücksichtigung des UR-Gebietes auf $\nu = 0$ extrapolierte Brechungsindex ist.

Je nach der angewandten Meßmethode (ε, n_{op} oder n_{UR}) erhält man also andere Werte von α, weswegen immer genau zu diskutieren ist, ob sie Anteile von Atomverschiebungen enthalten oder nicht.

21. Orientierungs-Polarisation

Nach allen bisher abgeleiteten Formeln ist die Polarisation P von der Temperatur unabhängig. Experimentell findet man jedoch in sehr vielen Fällen eine solche Temperatur-Abhängigkeit. Sie muß eine andere Ursache haben als nur die Polarisierung der Elektronenhüllen. DEBYE hatte 1912 den zur Aufklärung führenden Gedanken. Die T-Abhängigkeit findet man n i c h t bei 2-atomigen Molekülen aus g l e i c h e n Atomen (H_2, N_2, O_2), während 2-atomige Moleküle aus v e r s c h i e d e n e n Atomen eine mit

T veränderliche Polarisation zeigen. Nun sind H_2, O_2, N_2 typische Vertreter der unpolaren Bindung, bei welcher die chemische Bindung durch ein beiden Atomen gemeinsames Elektronenpaar zustande kommt. Also sind beide Molekül-Hälften völlig analog gebaut. Diese hohe Symmetrie kann man nicht erwarten, wenn die beiden Atome verschieden sind. Dann wird nämlich die Aufenthaltswahrscheinlichkeit der beiden bindenden Elektronen nicht bei beiden Atomen gleich groß sein. Im Gegenteil! Wir kennen sogar Moleküle (wie NaCl), bei denen ein Elektron vollständig vom Na zum Cl übergeht und bezeichnen diesen Bindungstyp als Inonenbindung. In diesen Molekülen fallen dann natürlich die Schwerpunkte von negativer und von positiver Ladung n i c h t zusammen. In der Nomenklatur von DEBYE sprechen wir dann von einem polaren oder D i p o l - M o l e k ü l.

Solche Dipol-Moleküle werden sich im elektrischen Feld natürlich anders verhalten, da

1. sie zwar der gewöhnlichen Polarisation unterliegen,
2. sie aber eine Ausrichtung der Dipole in die Feldrichtung erfahren,
3. dieser Ausrichtung jedoch die kinetische Temperaturbewegung der Moleküle entgegenwirkt.

Daraus sieht man sofort ein, daß eine T-Abhängigkeit von ε und damit von P die Folge sein muß. Denn die sich einstellende Ausrichtung wird um so vollständiger sein, je tiefer die Temperatur ist. Den infolge dieser teilweisen Ausrichtung der Moleküle auftretenden Anteil der Polarisation nennt man O r i e n t i e r u n g s - Polarisation, und es handelt sich nur darum, die Größe von P_{or} mit der Größe des molekularen permanenten Dipol-Momentes und der Temperatur in Beziehung zu bringen.

22. LANGEVINsche Theorie

Zur Berechnung des infolge der Temperaturbewegung tatsächlich sich ergebenden durchschnittlichen Momentes

$\overline{m}$, das auf ein Dipolmolekül mit dem permanenten Moment μ entfällt, müssen wir kennen

1. die Komponente von μ in der Feldrichtung,
2. die Anzahl Moleküle, die um einen Winkel ϑ aus der Feldrichtung abgelenkt sind.

Dann ist über alle diese Komponenten zu summieren und das Ergebnis durch die Gesamtzahl der Moleküle zu dividieren.

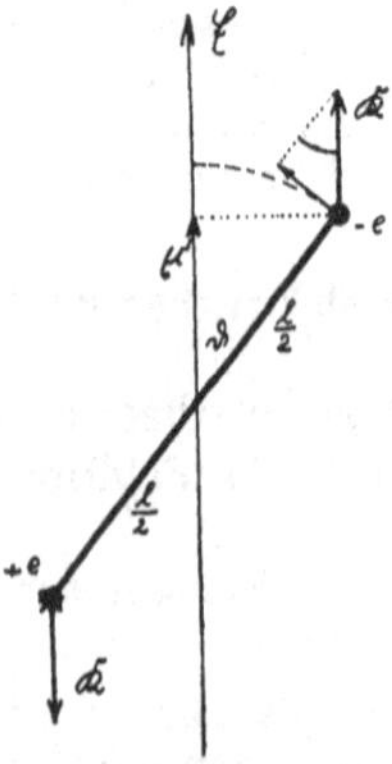

Fig. 12. Dipol im homogenen elektrischen Feld

Nehmen wir wie in Figur 12 an, daß der Dipol $\mu = e \cdot l$ um den Winkel ϑ aus der Richtung von $\mathfrak{E}$ herausgedreht sei. Dann ist seine Komponente in Richtung von $\mathfrak{E}$

$$\mu' = \mu \cdot \cos \vartheta.$$

Die Ablenkung aus der Feldrichtung wird statistisch über alle Richtungen ϑ ($o \leqq \vartheta \leqq \pi$) verteilt sein. Der Bruchteil der Moleküle, deren Dipole in eine Richtung ϑ zeigen, ist daher nach MAXWELL-BOLTZMANN eine Funktion des Verhältnisses von potentieller Energie E_{pot} und thermischer Energie kT, nämlich gegeben zu

$$e^{-E_{pot}/kT}.$$

E_{pot} findet man aus Figur 12 als Arbeitsbetrag (= Kraft·Weg), der bei Einschwingen des herausgedrehten Dipols in die Richtung von $\mathfrak{E}$ von ihm abgegeben werden kann. Die Kraft $\mathfrak{K}$ auf eine Ladung e ist $\mathfrak{K} = e \cdot \mathfrak{E}$. Hiervon liegt aber in Richtung des Kreisbogens, auf dem e sich bewegen muß, nur die Komponente $\mathfrak{K}' = \mathfrak{K} \cdot \sin \vartheta = e \cdot \mathfrak{E} \cdot \sin \vartheta$. Diese tritt zweimal auf, da auf $+ e$ dieselbe Kraft nochmals wirkt. Der bei einer Änderung des Winkels ϑ um $d\vartheta$ von der Ladung zurückgelegte Weg ist $\frac{l}{2} \cdot d\vartheta$. Also wird das Arbeitsdifferential

$$dA = 2 \cdot e\,\mathfrak{E} \sin\vartheta \cdot \frac{l}{2} d\vartheta.$$

und bei Summierung aller dieser Arbeiten zwischen 0 und ϑ folgt als Gesamtarbeit

$$A = \int_{o}^{\vartheta} 2\,e\,\mathfrak{E} \sin\vartheta \frac{l}{2} d\vartheta = -\mu\mathfrak{E} \cdot \cos\vartheta + \mu\mathfrak{E}.$$

Wählt man als Bezugspunkt der potentiellen Energien das Maximum ($= \mu\,\mathfrak{E}$), so wird

$$E_{pot} = A - \mu \cdot \mathfrak{E} = -\mu \cdot \mathfrak{E} \cdot \cos\vartheta.$$

Diese Wahl ist wegen der nachfolgenden Integration praktischer.

Um nun alle Richtungen des Raumes zu erfassen, lassen wir ϑ zwischen $o \leqq \vartheta \leqq \pi$ variieren und denken ferner für jedes ϑ mit Figur 12 eine volle Drehung um die $\mathfrak{E}$-Richtung ausgeführt ($o \leqq \varphi \leqq 2\pi$). Denn bei einer solchen Drehung erfassen wir alle Dipole, die den gleichen Beitrag zum Gesamtmoment liefern, weil ϑ konstant bleibt. Die Integration führen wir also mit den in Fig. 13 gezeichneten kreisförmigen Flächenelementen der Länge $2\pi \sin\vartheta$ und der Breite $d\vartheta$ durch. Der Beitrag zum Gesamtmoment, den jedes Flächenelement liefert, wird

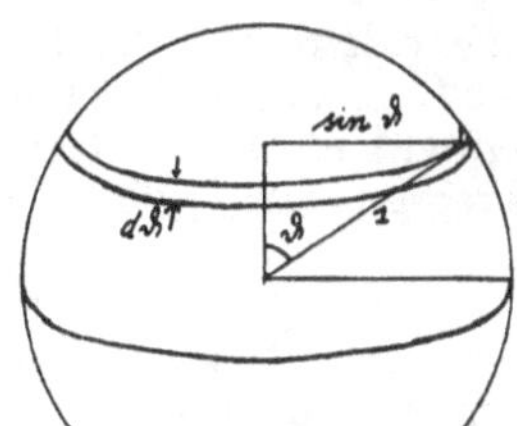

Fig. 13. Koordinatensystem für die Integration

$$dM = \mu \cos\vartheta \cdot e^{\frac{\mu\mathfrak{E}\cos\vartheta}{kT}} \cdot 2\pi \sin\vartheta\, d\vartheta$$

und das Gesamtmoment also

$$M = 2\pi\mu \cdot \int_{o}^{\pi} \sin\vartheta \cdot \cos\vartheta \cdot e^{\frac{\mu\mathfrak{E}\cos\vartheta}{kT}} \cdot d\vartheta.$$

Die Gesamtzahl N der Moleküle, durch die noch zu dividieren ist, setzen wir auf ähnliche Weise aus den Bruchteilen $e^{-\frac{E_{pot}}{kT}}$ und den Flächenelementen $2\pi \sin\vartheta\, d\vartheta$ zusammen:

$$N = 2\pi \cdot \int_0^\pi \sin\vartheta \cdot e^{\frac{\mu \mathfrak{E} \cos\vartheta}{kT}} d\vartheta.$$

Also folgt für das mittlere Moment $\overline{\mathfrak{m}}$ eines Moleküls, das bei der Temperatur T in Feldrichtung liegt

$$\overline{\mathfrak{m}} = \frac{M}{N} = \frac{2\pi\mu \cdot \int_0^\pi \sin\vartheta \cdot \cos\vartheta \cdot e^{\frac{\mu \mathfrak{E} \cos\vartheta}{kT}} d\vartheta}{2\pi \cdot \int_0^\pi \sin\vartheta \cdot e^{\frac{\mu \mathfrak{E} \cos\vartheta}{kT}} d\vartheta}.$$

Die Ausrechnung der Integrale ergibt

$$\overline{\mathfrak{m}} = \mu \cdot \left(-\frac{1}{x} + \mathfrak{Cotg}\, x\right) \text{ mit } x \equiv \frac{\mu \mathfrak{E}}{kT}.$$

Die Funktion $\mathfrak{Cotg}\, x$ ist definiert als $\frac{e^x + e^{-x}}{e^x - e^{-x}}$. Falls nun x sehr klein ist, was bei Feldstärken $\mathfrak{E}$ bis etwa 3000 Volt/cm zutrifft, kann man die für $e^{\pm x}$ bekannten Reihenentwicklungen ansetzen und nach dem ersten Glied abbrechen. Das ergibt (s. z. B. JOOS-KALUZA, S. 281)

$$-\frac{1}{x} + \mathfrak{Cotg}\, x \approx \frac{x}{3}.$$

Einsetzen dieses Wertes liefert die bekannte Näherungsformel von DEBYE, die auch bei der Theorie des Paramagnetismus von LANGEVIN benutzt wurde:

$$\overline{\mathfrak{m}} = \frac{\mu^2}{3kT} \cdot \mathfrak{E}.$$

23. Ermittlung des molekularen Dipolmomentes

Für ein Dipol-Molekül im elektrischen Feld gilt natürlich wie für ein dipolloses, daß es in seiner Elektronenhülle polarisiert wird. Daher setzt sich das mittlere Gesamtmoment eines Moleküls zusammen aus dem influenzierten Moment $\mathfrak{p} = \alpha \cdot \mathfrak{E}$ und dem mittleren Dipolmoment

$\overline{\mathfrak{m}} = \frac{\mu^2}{3kT} \cdot \mathfrak{E}$. Der Effekt, der in Form der DK ε oder des Brechungsindex beobachtet wird, rührt also her von $\mathfrak{p} + \overline{\mathfrak{m}} = \left(\alpha + \frac{\mu^2}{3kT}\right)\mathfrak{E}$. Somit ist im Fall von Dipolmolekülen in die CLAUSIUS-MOSOTTIsche Formel (5), S. 37 an Stelle von α diese Summe einzusetzen und die Molpolarisation P wird

$$P = \frac{\varepsilon - 1}{\varepsilon + 2} \cdot \frac{M}{\varrho} = \frac{4\pi}{3} N_L \cdot \left(\alpha + \frac{\mu^2}{3kT}\right). \tag{6}$$

Aus der so gewonnenen Formel für die T-Abhängigkeit der Polarisierbarkeit ist das Dipolmoment eines gasförmigen Moleküls bestimmbar. Man trägt die gemessenen Werte von P oder R gegen $1/T$ auf und findet dann Geraden, deren Steigerung direkt mit μ zusammenhängt. Der Ordinatenabschnitt gibt ferner direkt einen Wert für die Polarisierbarkeit α. Fig. 14 zeigt solche Messungen für gasförmiges HCl.

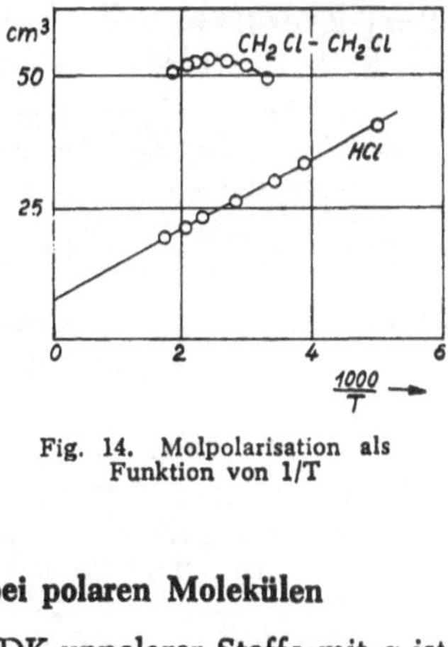

Fig. 14. Molpolarisation als Funktion von 1/T

24. Inneres Feld bei polaren Molekülen

Der Zusammenhang der DK unpolarer Stoffe mit α ist nach den obigen Ableitungen bekannt. Messungen an polaren Stoffen sind jedoch weit schwieriger deutbar, und zwar handelt es sich in jedem Fall um das Problem des Inneren Feldes. Führt man die Messung an verdünnten polaren Gasen durch, so mag es wegen der geringen Konzentration noch angehen, das herausgegriffene Molekül als in einem homogenen Feld befindlich zu betrachten. Löst man jedoch z. B. eine polare Substanz in einem unpolaren Lösungsmittel auf, so treten Komplikationen ein. Diese sind dadurch bedingt, daß das Molekül mit seinem permanenten Dipol auf die Umgebung eine Influenzwirkung ausübt, die bei unpolaren Stoffen fehlte. Durch diese Influenzwirkung entstehen in der umgebenden Flüssigkeit eine Menge von induzierten Dipolen, deren Felder in ihrer Gesamtheit auf die Stelle zurückwirken, an der sich das Dipol-Molekül befindet (*Reaktionsfeld* nach ONSAGER, 1936). Den Effekt dieses Reaktionsfeldes muß man in Rechnung stellen, wenn man die Polarisation des Dipol-Moleküls bestimmen will. Die Komplikation liegt ferner darin, daß die Richtung des Dipol-Moleküls infolge seiner Temperatur-Bewegung dauernd wechselt und daher auch das Reaktionsfeld sich dauernd ändert.

Es sei für den speziellen Fall *kugelförmiger polarer Moleküle* die aus der ONSAGERschen Theorie folgende Formel angegeben

$$P = \frac{\varepsilon - 1}{\varepsilon + 2} \cdot \frac{M}{\varrho} = \frac{4\pi N}{3}\left[\alpha_{op} + \frac{3\varepsilon(\varepsilon_\infty + 2)}{(2\varepsilon + \varepsilon_\infty)(\varepsilon + 2)} \cdot \frac{\mu^2}{3kT}\right].$$

Darin ist $\varepsilon_\infty = n^2 =$ optische Dielektrizitätskonstante,
$\varepsilon =$ gemessene DK.

25. Molekulare Deutung von Dipolmomenten

Schon bei einem 2-atomigen Molekül bietet es gewisse Schwierigkeiten, die Elektronenverschiebungen zu lokalisieren. Sicherlich liegt die Richtung des Dipols in der Kernverbindungslinie. Auch ist der Schwerpunkt der positiven Ladungen meist bekannt, da man z. B. aus Ultrarot-Messungen den genauen Kernabstand bestimmen kann. Im Fall des HCl-Moleküls findet man $r_{H-Cl} = 1{,}28$ Å. Also liegt der Schwerpunkt der positiven Ladung (H = 1; Cl = 17) nach dem Schwerpunktssatz um 0,071 Å vom Cl-Kern entfernt. Nicht bekannt ist jedoch, wieviel Elektronen an der Herstellung der Bindung beteiligt sind.

Wir sind gewöhnt, zwei Grenzfälle der chemischen Bindung zu unterscheiden. Liegt eine reine Ionenbindung vor, so wird (im Falle des HCl) das Elektron des H-Atoms fest in die Hülle des Cl eingebaut. Unter diesen Bedingungen würde also eine Elementarladung (von $4{,}80 \cdot 10^{-10}$ estE) um die ganze Länge des Kernabstandes transportiert worden sein, und man würde ein $\mu = 4{,}80 \cdot 10^{-10} \cdot 1{,}28 \cdot 10^{-8} = 6{,}14 \cdot 10^{-18} = 6{,}14$ D erwarten. (10^{-18} estE $\equiv$ 1 D = 1 Debye.) Es fehlt nur noch die Berücksichtigung des polarisierenden Einflusses des sehr nahen Protons auf die Elektronenhülle des Cl^-. Hierdurch kommt eine Verkleinerung des Dipolmomentes 6,14 D zustande. KIRKWOOD war 1932 in der Lage, auf diese Weise ein Moment in der Nähe des experimentell gefundenen Wertes zu berechnen. (Man erkennt aus dieser Betrachtung, daß es das Idealbild einer Ionenbindung mit kugelsymmetrischen Elektronenhüllen der beteiligten Ionen nur gibt, wenn Ionen ungefähr gleicher Kernladung und daher etwa gleicher Elektronenhülle zusammentreten!)

Der andere Grenzfall der chemischen Bindung ist der der kovalenten (oder unpolaren) Bindung. Diese ist in Molekülen wie H_2 verwirklicht und besteht in einem gemeinsamen Elektronenpaar, von denen je eines von einem der beteiligten Atome stammt. Liegt eine solche Bindung vor, dann resultiert $\mu = 0$. Denn man nimmt im Fall der idealen Kovalenzbindung an, daß beide Elektronen mit gleicher Wahrscheinlichkeit bei jedem der beiden Atome angetroffen werden. — Von einer solchen Kovalenzbindung aus betrachtet, fehlt dem HCl die das Moment hervorrufende Unsymmetrie völlig. Man kann sie indessen einführen, indem man jedem der (gebundenen!) Atome im Molekül eine gewisse Fähigkeit zuschreibt, Elektronen an sich zu ziehen, also eine gewisse „Elektronegativität". In der Tat kann man mit Hilfe der gemessenen Dipolmomente (MALONE, 1933) eine Reihe der *Elektronegativitäten* ($\equiv$ EN) aufstellen, die bis auf geringe Abweichungen identisch ist mit der von PAULING angegebenen

Reihe der Elektronegativitäten, die sich auf eine eingehende Analyse der Bindungs e n e r g i e n stützt. (Die EN ist verschieden von Ionisierungsenergie oder Elektronenaffinität, da diese beiden Größen für einzelne, nicht im Molekül gebundene Atome oder Ionen definiert sind!)

Somit haben wir schon 2 verschiedene Deutungsmöglichkeiten für die beobachteten Dipolmomente, von denen die erste eine polarisierte Ionenbindung und die zweite eine Kovalenzbindung zwischen Atomen unterschiedlicher EN benutzt.

Eine dritte gründet sich auf quantenmechanische Betrachtungen. Hier wird die die Elektronenzustände im Molekül beschreibende Eigenfunktion (s. PAULING) linear zusammengesetzt aus Eigenfunktionen, die einmal der idealen Ionenbindung und zum anderen der idealen Kovalenzbindung zukommen (oder aber noch anderen Grenzfällen, die man für die Struktur des Moleküls als entscheidend ansieht). Die Eigenfunktion Ψ würde im Fall des HCl also sein

$$\Psi = a \cdot \Psi_{H-Cl} + b \cdot \Psi_{H^+Cl^-}.$$

Dabei sind die konstanten Faktoren a und b so zu wählen, daß die Energie des Moleküls ein Minimum wird. Ist dies der Fall, so geben a und b direkt die Anteile an „Kovalenzcharakter" bzw. „Ionencharakter" der betreffenden Bindung (falls es sich nur um diese beiden Typen handelt). In diesem Sinne würde man das Dipolmoment $\mu = 1{,}08$ D des HCl so deuten können, daß nicht eine 100%ige Ionenbindung vorliegt, denn diese hätte 6,14 D. Es liegt aber auch keine 100%ige Kovalenzbindung vor, denn diese hätte $\mu = 0$. Das beobachtete Moment 1,08 entspricht dann einem Wert von

$$100 \cdot \frac{\mu_{exp}}{\mu_{H^+Cl^-}} = 100 \cdot \frac{b}{a+b} = 100 \cdot \frac{1{,}08}{6{,}14}$$
$$= 17{,}6\% \text{ Ionencharakter.}$$

Dies wäre eine dritte Beschreibungsmöglichkeit für den Ursprung eines Dipolmomentes.

26. Dreiatomige Moleküle

An 3-atomigen Molekülen vom Typ AB_2 ist e i n e Voraussage sicherlich möglich. Ist nämlich $\mu = 0$, so muß das Molekül ein Symmetriezentrum haben. Diese Bedingung wird von der symmetrischen l i n e a r e n Form *B—A—B* erfüllt. Findet man $\mu \neq 0$, so kann entweder die unsymmetrische lineare Form *A—B—B* oder eine gewinkelte, symmetrische Form $A<^{B}_{B}$ vorliegen. Beispiele für alle drei Möglichkeiten enthält Tabelle 1.

Tabelle 1:
Dipolmomente von AB_2-Molekülen

linear sym. μ =	CO_2 0	CS_2 0	$HgCl_2$ 0	$HgBr_2$ 0	HgJ_2 0	
linear unsym. μ =	N_2O 0,14					
gewinkelt sym. μ =	H_2O 1,84	D_2O 1,84	H_2S 0,93	SO_2 1,60	SCl_2 0,6	NO_2 0,4

Bei gewinkelten AB_2-Molekülen kann man das gemessene Moment in zwei Partialdipole auflösen, da die Elektronenverschiebungen, welche das Moment bewirken, natürlich in Richtung der chemischen Bindungen auftreten. Daher läßt sich das e i n e r A—B-Bindung zugehörige *Bindungsmoment* durch vektorielle Zerlegung finden (THOMSON, 1923), falls der Bindungswinkel anderweitig bekannt ist. Nach Fig. 15 findet man als Beziehung zwischen 2 Partialdipolen *m* und dem resultierenden Moment

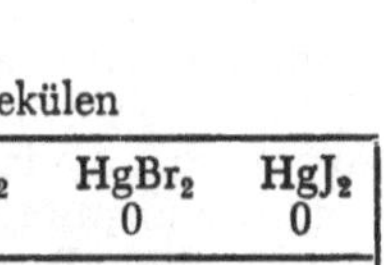

Fig. 15. Aufteilung von μ in Partialdipole

$$\frac{\mu}{2} = m \cos(\varphi/2).$$

Für HOH mit einem $\varphi = 109°$ und $\mu = 1{,}84$ findet man so

$$m_{H-O} = 1{,}58.$$

27. Induktionseffekt

Diesen Wert für das Moment einer O—H-Bindung kann man jedoch nicht ohne weiteres als Bindungsmoment verwenden, da bei Anwesenheit von 2 benachbarten Dipolen jeder auf den anderen eine Induktionswirkung (richtiger: Influenz) ausübt, die nur schwierig rechnerisch zu ermitteln ist. Man kennt nämlich nicht die genaue L a g e des Dipols auf der Kernverbindungslinie. Ferner ist auch der Ort der Elektronenhülle, an der die polarisierende Wirkung des einen Dipols angreift, nur ungenau angebbar. Hinzu kommt, daß die influenzierten Dipole nicht genau in Richtung der ursprünglichen liegen, so daß dadurch auch der W i n k e l der Partialdipole eine Änderung erfährt. Außerdem ist der gegenseitige Abstand der Dipole meist so klein, daß die Ausdehnung des Dipols nicht mehr als punktförmig angesetzt werden kann. Daher ist eine quantitative Ermittlung solcher Induktionseffekte nur unter vielen vereinfachenden Ausnahmen möglich, die das Ergebnis in ziemlich undurchsichtiger Weise beeinflussen können.

28. AB_3-Moleküle

Ähnlich wie im Fall der AB_2-Moleküle liefert das Fehlen eines Dipolmomentes bei AB_3-Molekülen eine wichtige Entscheidung struktureller Art. Man kann auf diese Weise zwischen der ebenen und pyramidalen Anordnung der Atome mit Sicherheit entscheiden. Die ebene Anordnung ergibt ein Molekül mit Symmetriezentrum und daher $\mu = 0$. Beispiele sind in Tabelle 2 zusammengestellt.

Tabelle 2: Dipolmomente von AB_3-Molekülen

eben μ =	BCl_3 0	BBr_3 0	PJ_3 0		
pyram. μ =	NH_3 1,46	NF_3 0,24	PH_3 0,55	PCl_3 1,1	PBr_3 0,6
μ =	AsH_3 0,15	AsF_3 2,6	$AsCl_3$ 2,1	$AlBr_3$ 5,2	AlJ_3 2,5

29. AB_4-Moleküle

Bei diesem Typ ist mittels des Dipolmomentes keine Entscheidung zwischen der quadratischen und tetraedrischen Anordnung zu treffen, da beide Formen ein Symmetriezentrum bzw. Inversionszentrum besitzen und $\mu = 0$ liefern. Man erhält leicht aus den geometrischen Eigenschaften des Tetraeders, daß die Vektorsumme dreier Vektoren, die in 3 Ecken des Tetraeders weisen, entgegengesetzt gleich ist dem 4. Vektor. Die Höhen im Tetraeder werden nämlich durch ihren gemeinsamen Schnittpunkt im Zentrum des Tetraeders im Verhältnis 3 : 1 geteilt.

Die Bindungsmomente von drei C—H-Bindungen im Methan (CH_4) heben sich also gegen das 4. C—H auf und daher hat CH_4 das Moment $\mu = 0$. Das gleiche gilt, falls ein H im Methan durch CH_3 ersetzt wird. Damit folgt auch für C_2H_6 der Wert $\mu = 0$ und so fort für alle gesättigten Kohlenwasserstoffe C_nH_{2n+2}.

Dies ist kein Beweis für die Tetraederstruktur der C-Valenzen, denn die quadratische Anordung hätte genau das gleiche Ergebnis hinsichtlich des Dipolmomentes. Wie bekannt, folgt die Tetraederform der Bindungen am C z. B. aus dem Fehlen von Isomeren bei disubstituierten Methanen.

30. Das C-H-Moment

Führt man nun in einen gesättigten Kohlenwasserstoff an Stelle eines H einen Substituenten X ein, so muß sich das Dipolmoment unabhängig von der Kettenlänge aus der Vektorsumme von einem Bindungsmoment H—C und dem Bindungsmoment C—X zusammensetzen. Diese Folgerung bestätigt z. B. die homologe Reihe der aliphatischen Alkohole oder der Alkylhalogenide, deren μ jeweils fast konstant ist. Dies zeigt Tabelle 3.

Tabelle 3:

Dipolmomente von *Alkoholen*		Dipolmomente von *Alkylhalogeniden*	
Methanol	μ_{Gas} = 1,69	Methylchlorid	μ_{Gas} = 1,87
Aethanol	1,69	Aethylchlorid	2,05
n-Propanol	1,66	n-Propylchlorid	2,10
i-Propanol	1,63	i-Propylchlorid	2,15
n-Butanol	1,65	n-Butylchlorid	2,10
i-Butanol	1,63	i-Butylchlorid	2,04
s-Butanol	1,65	s-Butylchlorid	2,12
t-Butanol	1,66	t-Butylchlorid	2,13
		n-Amylchlorid	2,12

Leider ist bei solchen Verbindungen mittels DK-Messungen keine gesonderte Bestimmung des Bindungsmoments C—H möglich, da die einzige Substanz, die nur C—H-Bindungen enthält (CH_4), kein von Null verschiedenes Dipolmoment besitzt. Die Methode zur Ermittlung von Bindungsmomenten, die bei AB_2- und AB_3-Molekülen verwendet wurde, ist also hier nicht brauchbar. Es gibt einige Methoden zur gesonderten Messung des H—C-Momentes. Jedoch liefern sie durchaus widersprechende Werte. Augenblicklich nimmt man an $\mu = 0{,}3$—$0{,}4$ mit einer Richtung, die in aliphatischen Verbindungen H^+—C^- ist und in aromatischen Verbindungen sowie bei benachbarter Mehrfachbindung umgekehrt (C^+—H^-) ist. Daher sind die in Tabelle 4 aufgeführten Bindungsmomente z. T. mit einer Un-

Tabelle 4: Bindungsmoment

H—C	0,4	N—O	4,3
H—O	1,51	P—O	2,7
C—C	0	C=C	0
C—N	0,22	C=N	(0,9)
C—O	0,74	C=O	2,3
C—S	0,9	C=S	2,6
C—J	1,19	N=O	2,0
C—Br	1,38	C≡C	0
C—Cl	1,46	C≡N	3,5
C—F	1,41	N≡C	3,0

sicherheit behaftet. Wie wir indessen schon bei Betrachtung des Induktionseffektes gesehen haben, läßt sich häufig ein Partialdipol nicht als unabhängig von seiner näheren Umgebung ansehen. Also kann man auch nicht ohne Willkür Bindungsmomente zum Gesamtmoment eines Moleküls zusammensetzen. Das typischste Beispiel ist ja die Vielzahl der in der Literatur berichteten C—H-Momente.

31. Mehrere Substituenten

Bei zwei Substituenten in einem gesättigten Kohlenwasserstoff macht es mehr Schwierigkeiten, das Gesamtmoment aus den Bindungsmomenten zu ermitteln. Um jede C—C-Bindung der Kette ist nämlich freie Rotation möglich. Jedoch ist auch in diesen Fällen mit einfacher Geometrie auszukommen (EYRING, 1932).

Anders liegen die Verhältnisse, wenn die *Rotation* in irgendeiner Weise *behindert* ist. Das kann z. B. der Fall sein, wenn wie im CH_2Cl—CH_2Cl eine Vielzahl von geometrisch, aber nicht energetisch gleichwertigen „Rotationsisomeren" existiert. Die *trans*-Form des Moleküls, bei welcher die Cl die größtmögliche Entfernung haben, weist natürlich das Moment Null auf, da in dieser Form das Molekül ein Symmetriezentrum hat. Verdreht man aber die eine Molekülhälfte um 120° gegen die andere (sog. „*gauche*-Form"), so hat das Molekül auch in dieser Lage ein (relatives) Minimum an potentieller Energie. Um es in diese Lage zu drehen, muß man aber einen Potentialberg überschreiten, so daß nur bei ausreichend heftigen Temperaturstößen das mit dieser *gauche*-Form verknüpfte Moment an einem Teil der Moleküle beobachtet wird. Die Folge ist ein T-abhängiges Moment, und als Ergebnis der DK-Messungen erhält man nicht die geradlinige Abhängigkeit von 1/T nach der einfachen Formel (6) S. 45, sondern Werte, wie sie in der oberen Kurve von Fig. 14 dargestellt sind. (Ähnliche T-Abhängigkeiten werden auch erhalten, falls ein schnell sich einstellendes Gleichgewicht von mehreren tautomeren Formen vorliegt.)

Diese durch freie oder gehinderte Rotation bedingten Komplikationen fallen fort, falls die Substituenten an einem starren C-Skelett sitzen, wie z. B. am Benzolring. Dann kann man die einfache Formel für vektorielle Addition zweier Partialdipole anwenden. Diese läßt sich für den Fall ungleicher Partialdipole entsprechend Fig. 16 erweitern in

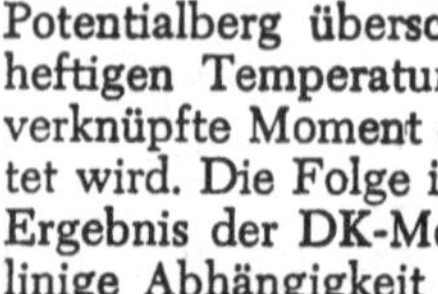

Fig. 16. Addition von Partialdipolen

$$\mu^2 = m_1^2 + m_2^2 + 2\, m_1 m_2 \cdot \cos\varphi$$

(cos-Satz der Geometrie mit dem Winkel (180—φ)).

Tabelle 5 zeigt, daß im Fall der Dichlorbenzole nur beim o-Derivat eine merkliche Diskrepanz zwischen Rechnung und Experiment auftritt, die so allgemein ist, daß sie als „Ortho-Effekt" bezeichnet wird. Offenbar handelt es sich um merkliche Induktionseffekte zwischen den räumlich sehr nahen Partialdipolen. Eine Winkelspreizung auf Grund elektrostatischer Abstoßung der Substituenten ist also nicht erforderlich.

Tabelle 5: Dipolmomente der Dichlorbenzole

Verbindung	Dipolmoment	
	exper.	berechn.
mono-Chlorbenzol	1,56	
o-Dichlorbenzol	2,25	2,70
m-Dichlorbenzol	1,48	1,56
p-Dichlorbenzol	0	0

32. Cis-trans-Isomere

Eine weitere wichtige Anwendung von Messungen des Dipolmomentes ist die Möglichkeit zwischen *cis*- und *trans*-Isomeren zu entscheiden. Das Molekül CHCl=CHCl besitzt z. B. diese isomeren Formen, da um die C=C-Doppelbindung keine freie Rotation möglich ist. Man kennt die Siedepunkte dieser Stoffe, die 48,4° bzw. 60,1° betragen. Messungen der Dipolmomente ergeben, daß der bei 48,4° siedende Stoff kein Dipolmoment besitzt, während sich für den bei 60,1° siedenden ein Moment von 1,89 D ergibt. Also ist die Zuordnung

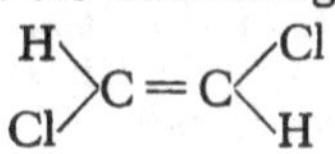

Kp. 48,4°

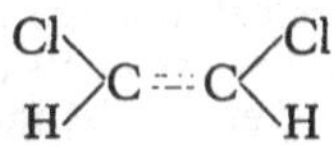

Kp. 60,1°

33. Mesomerie-Effekte

Für Aethylchlorid findet man ein Dipolmoment von 2,1 D, während an Chlorbenzol ein Wert von 1,70 D beobachtet wird. Beide setzen sich aus einem im Molekül nicht kompensierten C—H-Moment und C—Cl-Moment zusammen. Der Unterschied der Werte ist also ein Hinweis darauf, daß es für die Partialmomente nicht nur auf die Atomarten in der Bindung ankommt, sondern auch auf den anderweitigen Bindungszustand der Partner. Bei aromatischen Verbindungen sind derartige Effekte besonders groß, wenn der Substituent *einsame Elektronenpaare* besitzt. Das sind solche, die nicht für eine Bindung beansprucht werden. Die Erklärung hierfür liefert in vielen Fällen die Heranziehung von Mesomerie-Effekten. Diese bestehen darin, daß die Beschreibung der Bindungszustände im Molekül (nach Anschauungen der Quantenmechanik) nicht durch eine einzige (z. B. die kovalente) Struktur möglich ist, sondern mehrere notwendig sind. Das einfachste Beispiel bieten die beiden gleichwertigen und gleichwahrscheinlichen „KÉKULÉ"-Strukturen des Benzols:

 und 

Liegen substituierte Benzole vor, so muß man mit noch weiteren, meist *polaren Strukturen* rechnen, die durch Benutzung von freien Elektronenpaaren im Ring entstehen. Bei Chlorbenzol hätte man die drei Strukturen

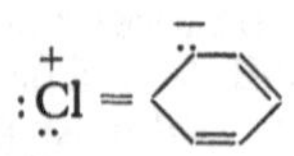 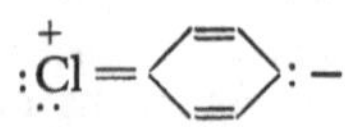 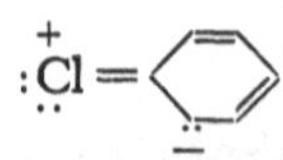

ebenfalls zu berücksichtigen, die infolge ihrer starken Polarität selbst bei geringem Anteil an der tatsächlichen Struktur des Moleküls eine Erniedrigung des Dipolmomentes bewirken. Cl ist ja infolge seiner höheren EN in den KÉKULÉ-Strukturen

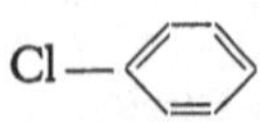 und 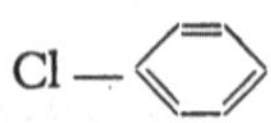

des Chlorbenzols negativer als der Ring. Die polaren Strukturen haben aber umgekehrte Richtung des Momentes.

Ähnliche Mesomerie-Effekte lassen auch die Variation der Dipolmomente in folgenden Verbindungen verstehen

	$H_3C{-}Cl$	$H_2C{=}CHCl$	$HC{\equiv}CCl$,
$\mu =$	1,92	1,44	0,44

die nach der einfachen Theorie alle drei gleich der Differenz des Moments einer C—H-Bindung und einer C—Cl-Bindung sein sollten.

V. Einwirkung elektromagnetischer Wechselfelder

A. Moleküle als Beugungszentren

34. Röntgenstrahlbeugung an Gasen

Auch im Fall der Untersuchung von Dipolmomenten wird immer noch das Molekül als Ganzes betrachtet. Jedenfalls beurteilt man die Versuche, Bindungswinkel mit dem Begriff des Partialdipols zu berechnen, heute mit großer Vorsicht. Denn die Zahl der sich überlagernden Effekte ist außerordentlich groß. Man kann zwar aus Dipolmomenten definitive Aussagen über die Molekül-Symmetrie erhalten, bekommt jedoch keine Aufschlüsse über einzelne Atomabstände. Das leisten indessen die im folgenden zu besprechenden Methoden der Interferenz und Beugung von Röntgenstrahlen, Elektronen und Neutronen.

Derartige Beugungseffekte sind nach der elektromagnetischen Lichttheorie immer dann zu erwarten, wenn die Wellenlänge der benutzten Strahlung etwa gleich dem Abstand der Streuzentren ist. Um die Zusammenhänge besser zu verstehen, werden wir stufenweise die Gesetze der Röntgenstrahlbeugung an einem Gas aus n-atomigen Molekülen ableiten.

35. Streuung von *linear* polarisiertem Licht an einem Elektron

Ein freies, ruhendes Elektron (Ladung$=e$; Masse$=m$) werde von einer in der z-Richtung (s. Fig. 17) linear polarisierten Lichtwelle

$$\mathfrak{E}_z = \mathfrak{E}_0 \cdot \cos 2\pi\nu t$$

getroffen. Die dadurch auf das Elektron ausgeübte Kraft $e \cdot \mathfrak{E}_z$ (= Ladung mal Feldstärke) bewirkt nach dem

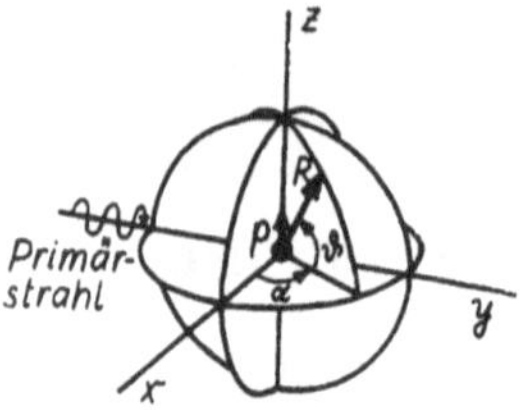

Fig. 17. Koordinatensystem für Dipolstrahlung

NEWTONschen Grundgesetz der Mechanik die Beschleunigung d^2z/dt^2 ($\equiv \ddot{z}$) in der z-Richtung nach der Gleichung

(7) $$\ddot{z} \cdot m = e \cdot \mathfrak{E}_z .$$

Da $\mathfrak{E}_z$ periodisch wechselt, wird das Elektron zum schwingenden Dipol mit dem Dipolmoment $p \equiv ez$. Durch Integration der obigen Gleichung (7) findet man für die Auslenkung z aus der Ruhelage als Funktion der Zeit t

$$z = -\frac{e}{m} \cdot \mathfrak{E}_o \cdot \frac{1}{(2\pi\nu)^2} \cdot \cos 2\pi\nu t,$$

wie man durch zweimaliges Differenzieren nach t und Einsetzen in (7) kontrollieren kann.

Eine periodisch bewegte elektrische Ladung ist nun immer Ausgangspunkt einer Abstrahlung von Energie, wie aus dem makroskopischen Beispiel der Sendeantennen von Radiostationen bekannt ist. Wir fragen also nach der von einem schwingenden Dipol abgestrahlten Feldstärke $\mathfrak{E}_\vartheta$, die in einer Entfernung R vom Dipol und in einer Richtung auftritt, die mit dem Primärstrahl den Winkel ϑ bildet. Die Elektrodynamik (z. B. BECKER, Theorie der Elektrizität, S. 199) gibt für das in Fig. 17 gezeichnete Koordinatensystem und für einen Dipol des Momentes p folgende Komponenten dieser Feldstärke

$$\mathfrak{E}_R = 2 \sin\vartheta \cdot \left[\frac{\dot{p}}{cR^2} + \frac{p}{R^3}\right]$$

$$\mathfrak{E}_\vartheta = \frac{\ddot{p}}{c^2R} \cdot \cos\vartheta + \left[\frac{\dot{p}}{cR^2} + \frac{p}{R^3}\right] \cdot \cos\vartheta$$

$$\mathfrak{E}_\alpha = 0$$

(c = Lichtgeschwindigkeit; ein Punkt bedeutet einmalige Differentiation nach der Zeit). Für den Fall relativ großen Abstandes R ($R \gg \lambda$ der Strahlung) kann man die Glieder mit $1/R^2$ und $1/R^3$ vernachlässigen und findet

$$\mathfrak{E}_\vartheta = \frac{\ddot{p}}{c^2 R}\cos\vartheta; \quad \mathfrak{E}_R = \mathfrak{E}_\alpha = 0.$$

Es existiert also nur die Komponente $\mathfrak{E}_\vartheta$, deren Richtung senkrecht auf der Streurichtung steht. Ihr Wert ist unabhängig von α. Mit $\ddot{p} = e\cdot\ddot{z} = e^2\mathfrak{E}_z/m$ erhält man

$$(8) \qquad \mathfrak{E}_\vartheta = \frac{e^2}{c^2 m}\cdot\mathfrak{E}_z\cdot\frac{1}{R}\cdot\cos\vartheta.$$

Für $\vartheta = 0$ (Streustrahlung senkrecht zur Dipolschwingung) folgt

$$(9) \qquad \mathfrak{E}_\vartheta = \frac{e^2}{c^2 m}\,\mathfrak{E}_z\cdot\frac{1}{R}.$$

Die Intensität des Streustrahls, die man experimentell beobachtet, ist nach der Elektrodynamik allgemein proportional dem Quadrat der Feldstärke (Ableitung s. folgender Abschnitt). Damit berechnet man aus (8) für das Verhältnis der Intensitäten von Streustrahl und Primärstrahl

$$(10) \qquad \frac{\mathfrak{E}_\vartheta^2}{\mathfrak{E}_z^2} = \frac{J_\vartheta}{J_0} = \frac{e^4}{c^4 m^2}\cdot\frac{1}{R^2}\cdot\cos^2\vartheta.$$

36. Intensität einer elektromagnetischen Welle

Die Energie eines elektrostatischen Feldes im Vakuum pro Kubikzentimeter ist $u_{\mathfrak{E}} = \frac{1}{8\pi}\cdot\mathfrak{E}^2$, die eines magnetischen Feldes $u_{\mathfrak{H}} = \frac{1}{8\pi}\cdot\mathfrak{H}^2$. Liegen periodisch veränderliche Felder vor

$$\mathfrak{E} = \mathfrak{E}_0\cdot\cos 2\pi\nu t \quad \text{und} \quad \mathfrak{H} = \mathfrak{H}_0\cdot\cos 2\pi\nu t$$

(eine linear polarisierte Welle hat z. B. $\mathfrak{E}_x$ und $\mathfrak{H}_y$ als einzige Komponenten), so gilt für die von beiden Feldern herrührende Energiedichte

$$u_s = u_{\mathfrak{E}} + u_{\mathfrak{H}} = \frac{1}{8\pi}\cdot(\mathfrak{E}_0^2 + \mathfrak{H}_0^2)\cos^2 2\pi\nu t.$$

Nach der elektromagnetischen Lichttheorie ist $\mathfrak{E}_0 = \mathfrak{H}_0$, also

$$u_s = \frac{1}{4\pi} \mathfrak{E}_0^2 \cos^2 2\pi\nu t.$$

Als Intensität J bezeichnet man die Energie, die 1 cm² in 1 Sekunde durchquert. Ist c die Geschwindigkeit der Welle ($= 3.10^{10}$ cm/sek), so ist demgemäß

$$J = c \cdot u_s = \frac{c}{4\pi} \mathfrak{E}_0^2 \cos^2 2\pi\nu t.$$

Wir suchen aus diesem „Momentanwert" den zeitlich konstanten Mittelwert, indem wir über eine Wellenlänge $t = 0$ bis $t = \frac{\lambda}{c} = \frac{1}{\nu}$ integrieren und durch die Intervalllänge $1/\nu$ teilen. Es ist

$$\int_0^{2\pi} \cos^2 x \, dx = \frac{x}{2} + \frac{1}{4} \cdot \sin 2x \Big|_0^{2\pi} = \pi$$

$$x \equiv 2\pi\nu t \qquad \text{also } t = 0 \rightarrow x = 0$$

$$dx \equiv 2\pi\nu \cdot dt \qquad t = \frac{1}{\nu} \rightarrow x = 2\pi$$

$$\int_0^{1/\nu} \cos^2 (2\pi\nu t) \, dt = \frac{1}{2\pi\nu} \cdot \int_0^{2\pi} \cos^2 x \, dx = \frac{1}{2\nu}.$$

Also

$$\underline{J} = \left(\frac{c}{4\pi} \mathfrak{E}_0^2 \cdot \frac{1}{2\nu} \right) \Big/ \frac{1}{\nu} = \underline{\frac{c}{8\pi} \mathfrak{E}_0^2}.$$

37. Streuung von *un*polarisiertem Licht an einem Elektron

Im allgemeinen benutzt man unpolarisiertes Licht zur Röntgenstrahlbeugung. Der Primärstrahl enthält dann Schwingungen in allen Richtungen, die in der xy-Ebene liegen. Seine Gesamtintensität J_o kann man aus 2 senkrecht zueinander polarisierten Primärstrahlen gleicher Intensität zusammengesetzt denken, von denen der eine parallel zur z-Achse (Intensität $J_{o\parallel}$) und der andere senkrecht zur z-Achse (Intensität $J_{o\perp}$) schwingt. Es gilt also $J_{o\parallel} = J_{o\perp}$ und für die Gesamtintensität

$$J_o = J_{o\parallel} + J_{o\perp} \qquad \text{also } J_{o\parallel} = J_{o\perp} = \frac{J_o}{2}.$$

Wenn man wie oben das Streulicht in einer Richtung beobachtet, die in gleicher Ebene mit dem Primärstrahl und der z-Achse liegt, so gilt für den senkrecht zur z-Achse polarisierten Teilstrahl des Primärlichtes Gleichung (9), da seine Schwingungsrichtung (die x-Achse) dauernd senkrecht zur Beobachtungsrichtung ist. Die Intensität des Streustrahls setzt sich additiv aus den beiden Teilintensitäten

$$J_{\vartheta} = J_{o\parallel} \cdot \frac{e^4}{c^4 m^2} \cdot \frac{1}{R^2} \cdot \cos^2 \vartheta \quad \text{(gemäß Gl. [10])}$$

und

$$J_{\vartheta\perp} = J_{o\perp} \cdot \frac{e^4}{c^4 m^2} \cdot \frac{1}{R^2}$$

zusammen zu

$$J_s = J_{\vartheta\parallel} + J_{\perp} = \frac{e^4}{c^4 m^2} \cdot \frac{1}{R^2} \cdot \frac{J_o}{2} (1 + \cos^2 \vartheta).$$

Also folgt

$$\frac{J_s}{J_o} = \frac{e^4}{c^4 m^2} \cdot \frac{1}{R^2} \cdot \frac{1 + \cos^2 \vartheta}{2}.$$

Der Faktor $\frac{1 + \cos^2 \vartheta}{2}$ wird als *Polarisationsfaktor* bezeichnet.

38. Streuung *aller* Elektronen eines Atoms

Anstatt bei diesem Problem die Relativbewegungen aller einzelnen Elektronen zu benutzen, was zur Bildung von Summen führen würde, kann man zweckmäßiger mit einer in einem kugelförmigen Atom verschmierten kontinuierlichen Ladungsdichte ϱ (Elektronen/cm^3) der Elektronen rechnen, da Integrale leichter als Summen auswertbar sind. Das Atom sei kugelsymmetrisch, d. h. ϱ soll nur von der Entfernung r vom Zentrum des Atoms abhängen.

Eine aus dem Atom herausgeschnittene Kugel werde nun von links (s. Fig. 17) vom Primärstrahl getroffen. Jedes Volumelement der Kugel wird dadurch gemäß seiner Elektronendichte zum schwingenden Dipol und alle diese

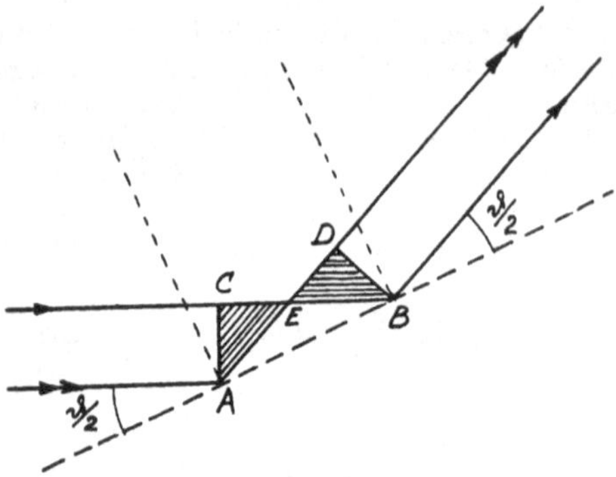

Fig. 18. Reflexions-Ebenen

Abstrahlungen interferieren miteinander. Um die in der Richtung ϑ auftretende Intensität zu bekommen, teilen wir die ganze Kugel in Ebenen ein, die (als „Reflexionsebenen") mit Primärstrahl und Streustrahl je den Winkel $\vartheta/2$ bilden. Dies hat den Vorteil, daß alle Punkte einer solchen Ebene Streulicht gleicher Phase erzeugen, wie aus Fig. 18 zu entnehmen ist. Die Dreiecke ACE und BDE sind nämlich kongruent und daher $BC = AD$. Die Strahlen bekommen also keinen Gangunterschied, sondern bleiben in Phase.

Zwei Streuebenen, die den Abstand d haben, erzeugen zwischen den unter dem Winkel ϑ abgebeugten Strahlen Wellen des Primärstrahles eine Wegdifferenz

$$\Delta = 2d \sin \vartheta/2 \qquad (11)$$ *(BRAGGsche Gleichung).*

Die Ableitung ist aus dem Text der Fig. 19 zu entnehmen.

Denkt man sich in O e i n Elektron sitzend, so wird gemäß Gl. (9) (ohne Polarisationsfaktor!)

$$\mathfrak{E}_{\vartheta\text{II}} = \frac{e^2}{c^2 m} \cdot \mathfrak{E}_z \cdot \frac{1}{R} = \frac{e^2}{c^2 m} \mathfrak{E}_o \cdot \frac{1}{R} \cos 2\pi\nu t.$$

Befindet sich auch in P e i n Elektron, so ergibt die Beachtung des Wegunterschiedes (11)

$$(12) \qquad \mathfrak{E}_{\vartheta \mathrm{I}} = \frac{e^2}{c^2 m} \mathfrak{E}_o \cdot \frac{1}{R} \cdot \cos 2\pi\nu \left(t + \frac{\triangle}{c}\right).$$

Tatsächlich sitzt in dem um P liegenden Volumelement $dV = dx \cdot dy \cdot dz$ nicht e i n Elektron, sondern $\varrho \cdot dV$ Elektronen (der Elektronendichte ϱ entsprechend). Deswegen muß (12) noch mit diesem Faktor multipliziert werden. Dabei resultiert wegen der differentiellen Kleinheit von dV natürlich auch nur ein differentieller Beitrag $d\mathfrak{E}_{\vartheta \mathrm{I}}$ zur Streufeldstärke, nämlich

$$(13) \qquad d\mathfrak{E}_{\vartheta \mathrm{I}} = \frac{e^2}{c^2 m} \mathfrak{E}_o \cdot \frac{1}{R} \cdot \cos\left[2\pi\nu \left(t + \frac{\triangle}{c}\right)\right] \cdot \varrho dV.$$

Das ist der Beitrag, den jedes Volumelement dV der Kugel zur Streustrahlung in der Richtung ϑ liefert. Wir brauchen

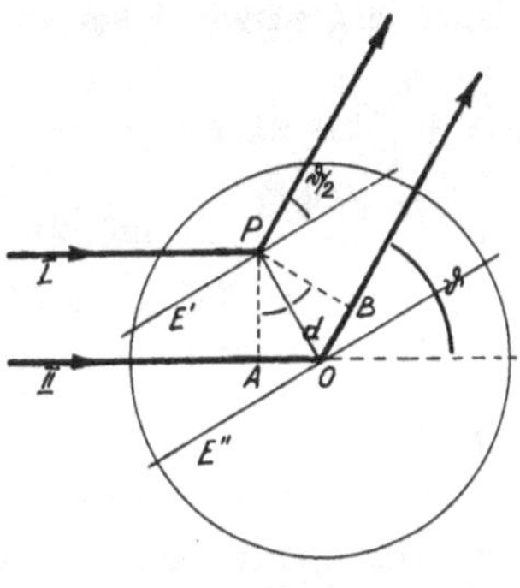

Fig. 19. Phasendifferenz zweier Reflexions-Ebenen

Wegdifferenz von I und II nach der Streuung

$$\Delta = AO + OB$$

$$AO = d \cdot \sin \vartheta/2; \qquad OB = d \cdot \sin \vartheta/2$$

$$AO + OB = \Delta = 2d \cdot \sin \vartheta/2$$

An Stelle des in P auf E' auftreffenden Strahles kann jeder andere Parallelstrahl gewählt werden, da a l l e an E' reflektierten Strahlen gleiche Phase besitzen; s. Fig. 18. Das gleiche gilt für Punkt O von E''. Die Punkte P und O sind nur für die Rechnung am bequemsten!

nur noch über die ganze Kugel zu integrieren, um den Gesamtwert von $\mathfrak{E}_\vartheta$ zu finden.

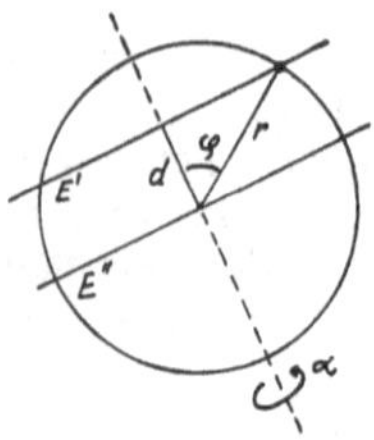

Fig. 20. Koordinatensystem

Zu diesem Zweck führen wir gemäß Fig. 20 Polarkoordinaten ein. Es folgt $d = r \cdot \cos\varphi$ und für das Volumelement gilt

$dV = dx \cdot dy \cdot dz = r^2 \sin\varphi \cdot d\alpha \cdot dr \cdot d\varphi.$

Die Grenzen der Integration sind

$0 \leqq \alpha \leqq 2\pi; \quad 0 \leqq \varphi \leqq \pi; \quad 0 \leqq r \leqq \infty.$

Mit $\Delta = 2r \cdot \cos\varphi \cdot \sin\vartheta/2$ formen wir um

$$2\pi\nu\left(t + \frac{\Delta}{c}\right) =$$

$$= 2\pi\nu t + \frac{4\pi\nu r}{c} \cdot \cos\varphi \cdot \sin\vartheta/2.$$

Da laut Definition (der Wellenlänge λ und der Frequenz ν bei einer Fortpflanzungsgeschwindigkeit c) $\nu/c = 1/\lambda$ ist, folgt

$$2\pi\nu\left(t + \frac{\Delta}{c}\right) = 2\pi\nu t + \mu \cdot r \cdot \cos\varphi.$$

Der Ausdruck $\mu = \dfrac{4\pi \sin\vartheta/2}{\lambda}$ hängt nicht mehr von den Koordinaten ab, ist also bei der Integration eine Konstante. Somit lautet das Integral

$$\mathfrak{E}_\vartheta = \mathfrak{E}_o \frac{e^2}{c^2 m} \cdot \frac{1}{R} \cdot \int_0^{2\pi} d\alpha \cdot \int_0^{\pi}\int_0^{\infty} \sin\varphi \cdot$$

$$[\cos(2\pi\nu t) \cdot \cos(\mu r \cos\varphi) - \sin(2\pi\nu t) \cdot \sin(\mu r \cos\varphi)]\,\varrho r^2\, dr\, d\varphi.$$

Hierbei ist noch der cos mittels der Formel $\cos(\alpha + \beta) = \cos\alpha \cdot \cos\beta - \sin\alpha \cdot \sin\beta$ durch Funktionen einfacher Winkel ersetzt. Die Winkel-Integrationen nach α und φ sind ausführbar und ergeben

$$\mathfrak{E}_\vartheta = \mathfrak{E}_o \cdot \cos(2\pi\nu t) \cdot \frac{e^2}{c^2 m} \frac{1}{R} \cdot 4\pi \int_0^{\infty} \varrho r^2 \frac{\sin\mu r}{\mu r} dr$$

(14) $$\mathfrak{E}_\vartheta = \mathfrak{E}_z \cdot \frac{e^2}{c^2 m} \cdot \frac{1}{R} \cdot F.$$

Die Formel weicht von (9) nur um den *Atomfaktor*

$$F = 4\pi \int_0^\infty \varrho r^2 \frac{\sin \mu r}{\mu r} dr \tag{14 a}$$

ab. Für das Verhältnis der Intensitäten von Streustrahlung und Primärstrahlung bei Streuung an einem ganzen Atom gilt also

$$\frac{J_\vartheta}{J_z} = \frac{\mathfrak{E}_\vartheta^2}{\mathfrak{E}_z^2} = \frac{e^4}{c^4 m^2} \cdot \frac{1}{R^2} \cdot F^2 \cdot \frac{1 + \cos^2\vartheta}{2}, \tag{15}$$

wobei nun auch für die Benutzung von unpolarisiertem Licht der Polarisationsfaktor wieder zugefügt ist.

39. Auswertung

Durch Beobachtung von J_ϑ und J_z in der Entfernung R unter dem Winkel ϑ zur Richtung des Primärstrahls gewinnt man experimentelle Werte für F. Die Auswertung auf ϱ, d. h. die Elektronenverteilung im Atom wird meist in der Weise vorgenommen, daß man F modellmäßig zu berechnen versucht und das Ergebnis mit der experimentellen F-Kurve vergleicht. So gewinnt man Daten über die räumliche Verteilung der Elektronen im Einzelatom. Diese werden für die Auswertung von Molekül-Streuspektren benötigt.

40. Inkohärente Streuung

Außer der eben behandelten „kohärenten“ Streuung im Atom treten aber noch 2 weitere Streuprozesse im Atom auf, die Licht veränderter Wellenlänge liefern. Das sind die COMPTON-Streuung und die bei Änderung des Energiezustandes von einzelnen Elektronen auftretende Emission und Absorption von Licht gemäß den BOHRschen Vorstellungen. Für diese „inkohärente“ Streustrahlung gilt nach HEISENBERG und BEWILOGUA

$$\frac{J_{inkoh}}{J_z} = N \cdot Z \cdot \frac{e^4}{c^4 m^2} \cdot \frac{1}{R^2} \cdot \frac{1 + \cos^2\vartheta}{2} \cdot g\,(\mu Z^{-2/3} \cdot 10^{-8})$$

(N = Zahl der Atome, Z = Elektronenzahl pro Atom, g = Funktion der Fig. 21).

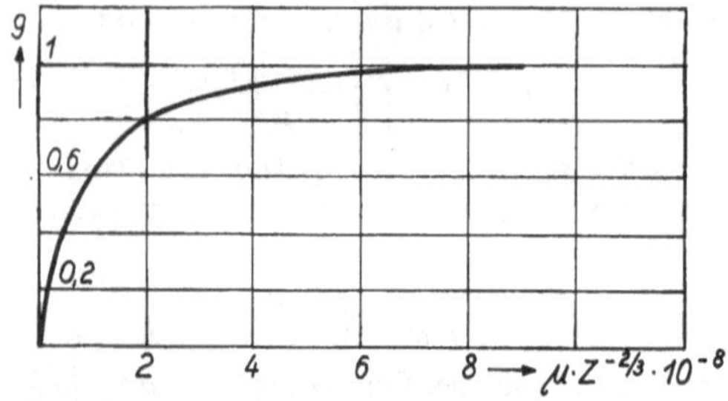

Fig. 21. g-Funktion der inkohärenten Streuung

4. Röntgenstreuung am 2-atomigen Molekül

Im einfachsten Fall eines 2-atomigen Moleküls überlagern sich die Streuwellen der beiden Atome A und B, wobei es natürlich auf die Relativlage der Molekülachse zum Primärstrahl ankommt. Wir benutzen Fig. 22, in welcher der Winkel φ die Lage der Achse AB relativ zur Normalen der „Reflexionsebene" E' beschreibt. Für zunächst linear polarisiertes Licht muß als Formel für $\mathfrak{E}_{\vartheta A}$ die Gleichung (14)

$$\mathfrak{E}_{\vartheta A} = \mathfrak{E}_z \cdot \frac{e^2}{c^2 m} \cdot \frac{1}{R} \cdot F_A$$

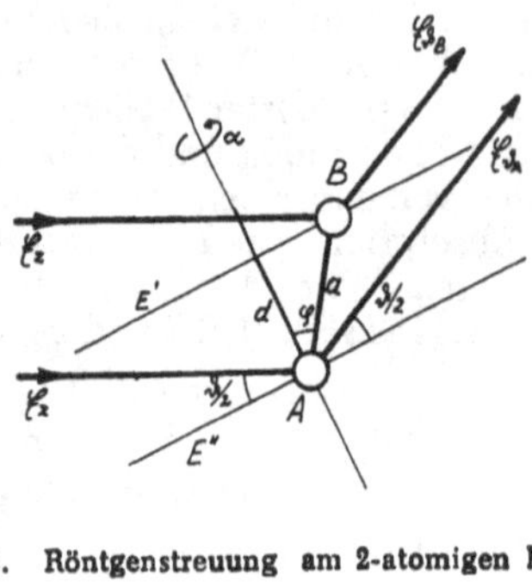

Fig. 22. Röntgenstreuung am 2-atomigen Molekül

gelten (F_A = Atomfaktor für Atom A) mit $\mathfrak{E}_z = \mathfrak{E}_o \cdot \cos 2\pi\nu t$. Die an B gestreute Welle $\mathfrak{E}_{\vartheta B}$ erleidet eine Phasenverzögerung, die analog Fig. 19 berechenbar ist zu $\Delta = 2d \cdot \sin\vartheta/2$ oder

$$\Delta = 2a \cdot \cos\varphi \cdot \sin\vartheta/2.$$

a ist jetzt der konstante Atomabstand AB. Damit findet man

$$\mathfrak{E}_{\vartheta B} = \frac{e^2}{c^2 m} \cdot \frac{1}{R} \cdot F_B \cdot \mathfrak{E}_o \cdot \cos 2\pi\nu \left(t + \frac{\triangle}{c}\right).$$

Die Gesamtwelle in Richtung ϑ ist also gegeben durch

$$\mathfrak{E}_\vartheta = \mathfrak{E}_{\vartheta A} + \mathfrak{E}_{\vartheta B} = \frac{e^2}{c^2 m} \cdot \frac{1}{R^2} \cdot \mathfrak{E}_o \cdot$$

$$\cdot \left[F_A \cdot \cos 2\pi\nu t + F_B \cdot \cos 2\pi\nu \left(t + \frac{\triangle}{c}\right)\right].$$

Berechnung der Intensitäten (durch Quadrieren und Mittelwertbildung über eine ganze Wellenlänge $t = 0$ bis $t = \frac{\lambda}{c} = \frac{1}{\nu}$) ergibt

$$\frac{J_\vartheta}{J_o} = \frac{e^4}{c^4 m^2} \cdot \frac{1}{R^2} \cdot \left[F_A^2 + 2F_A F_B \cdot \cos \frac{2\pi\nu\triangle}{c} + F_B^2\right].$$

Im zweiten Glied der Klammer steht noch Δ. Das bedeutet, daß das Ergebnis nur für eine bestimmte Achsenlage des Moleküls gilt. Es muß daher nochmals über alle möglichen (durch φ und α bestimmten) Lagen des Moleküls gemittelt werden. Man summiert (d. h. integriert) die Werte von $\cos(2\pi\nu\Delta/c)$ für jedes Oberflächenelement $a^2 \sin\varphi\, d\varphi\, d\alpha$ der mit a um A geschlagenen Kugel und dividiert durch die Summe aller Oberflächenelemente. Man bildet also den Quotienten

$$Q = \frac{a^2 \cdot \int\limits_0^{2\pi} \int\limits_0^{\pi} \cos \frac{2\pi\nu(2a \cdot \cos\varphi \cdot \sin\vartheta/2)}{c} \cdot \sin\varphi \cdot d\varphi \cdot d\alpha}{a^2 \cdot \int\limits_0^{2\pi} \int\limits_0^{\pi} \sin\varphi \cdot d\varphi \cdot d\alpha}.$$

Ausführung der Integration ergibt mit der früher eingeführten Abkürzung $\mu = \frac{4\pi \cdot \sin \vartheta/2}{\lambda}$ für den Mittelwert von $\cos \frac{2\pi\nu\Delta}{c}$ den Wert

$$Q = \frac{\sin \mu a}{\mu a}.$$

Bei Streuung einer linear polarisierten Lichtwelle der Intensität J_0 an einem 2-atomigen Molekül folgt also für die Streu-Intensität J_ϑ unter dem Winkel ϑ

$$\frac{J_\vartheta}{J_o} = \frac{e^4}{c^4 m^2} \cdot \frac{1}{R^2} \cdot \left[F_A^2 + 2 F_A F_B \cdot \frac{\sin \mu a}{\mu a} + F_B^2 \right].$$

N Moleküle der gleichen Art bewirken n-fache Streuintensität und für unpolarisiertes Licht erscheint auch noch der Polarisationsfaktor $(1 + \cos^2 \vartheta)/2$. Also lautet die Endformel

$$\frac{J_\vartheta}{J_o} = \frac{e^4}{c^4 m^2} \cdot \frac{1}{R^2} N \cdot \left[F_A^2 + 2 F_A F_B \cdot \frac{\sin \mu a}{\mu a} + F_B^2 \right] \cdot \frac{1 + \cos^2 \vartheta}{2}.$$

42. Streuung an vielatomigen Molekülen

Hat man n Atome in einem Molekül, so lautet die allgemeine Formel

$$\frac{J_\vartheta}{J_o} = \frac{e^4}{c^4 m^2} \cdot \frac{1}{R^2} \cdot N \cdot \frac{1 + \cos^2 \vartheta}{2} \cdot \sum_{j=1}^{n} \sum_{k=1}^{n} F_j F_K \cdot \frac{\sin(\mu \cdot a_{jk})}{\mu \cdot a_{jk}}$$

(a_{jk} = Abstand des Atoms j vom Atom k). Für dreiatomige Moleküle berechnet man z. B. unter Beachtung von

$a_{11} = a_{22} = a_{33} = 0$, $a_{jk} = a_{kj}$ und $\frac{\sin \mu a_{jj}}{\mu a_{jj}} = 1$ für die

9 Kombinationsmöglichkeiten

$$j, k = 1,1;\ 1,2;\ 1,3;\ 2,1;\ 2,2;\ 2,3;\ 3,1;\ 3,2;\ 3,3$$

den Wert der Doppelsumme zu

$$F_1^2 + F_2^2 + F_3^2 + 2F_1F_2 \cdot \frac{\sin \mu a_{12}}{\mu a_{12}} + 2F_1F_3 \cdot \frac{\sin \mu a_{13}}{\mu a_{13}} + 2F_2F_3 \cdot \frac{\sin \mu a_{23}}{\mu a_{23}}.$$

43. Auswertung der Experimente

Experimentell erhält man bei Durchstrahlung eines Gases mit monochromatischem Röntgenlicht einen Film, auf dem die Intensität der in den verschiedenen Winkeln abgebeugten Interferenzstrahlung durch den verschiedenen Schwärzungsgrad aufgezeichnet ist. Eine solche (ausphotometrierte) Schwärzungskurve zeigt Fig. 23. Um aus ihr Werte für die Atomabstände zu erhalten, wird meist so vorgegangen, daß man mittels eines plausiblen Modells für das fragliche Molekül die zu erwartenden Intensitäten berechnet. Hierbei werden die Atome mit kugelsymmetrischen Elektronenhüllen angenommen und die Formfaktoren der freien Atome verwendet. Man vergleicht dann den Intensitätsverlauf mit dem experimentellen Bild und variiert die angenommenen Atomabstände so lange, bis Rechnung und Experiment übereinstimmen.

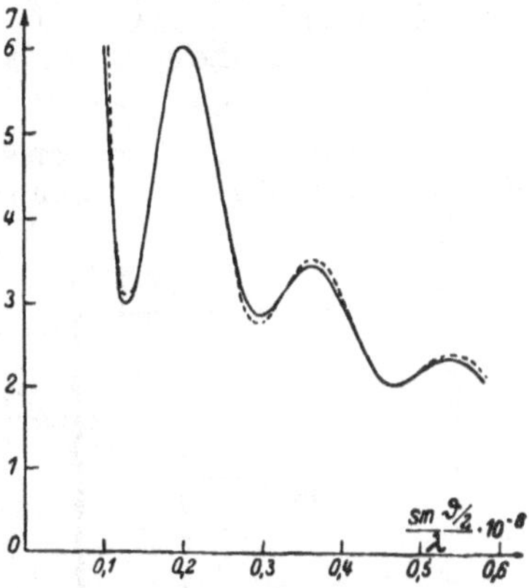

Fig. 23. Röntgenstreuung an CCl_4 (VAN DER GRINTEN, 1933)

44. Streuung von Elektronen an Molekülgasen

Zum Abtasten des Molekülinneren kann man an Stelle von Röntgenstrahlen auch beliebige andere Wellen geeigneter Wellenlänge λ verwenden. λ muß dabei in der Größenordnung der Atomabstände liegen, damit merkliche Interferenzeffekte auftreten. Nach der DE BROGLIEschen Gleichung entspricht einem Teilchen der Geschwindigkeit u und der Ruhmasse m_0 eine Wellenlänge $\lambda = h/m_0 u$. Damit ergibt sich die Möglichkeit, beliebige Teilchenstrahlen infolge ihrer Welleneigenschaften zum Hervorrufen von Beugungserscheinungen zu benutzen. Man pflegt Elektronen (oder auch Neutronen, vgl. S. 76) bekannter Geschwindigkeit u_0 anzuwenden, die das Versuchsgas in Form eines vorher ausgeblendeten Strahles durchsetzen. Das Schema einer solchen Versuchsanordnung zeigt Fig. 24.

Zur Ableitung der Streuformel, die die Abhängigkeit der Streuintensität J vom Streuwinkel angibt, kann man

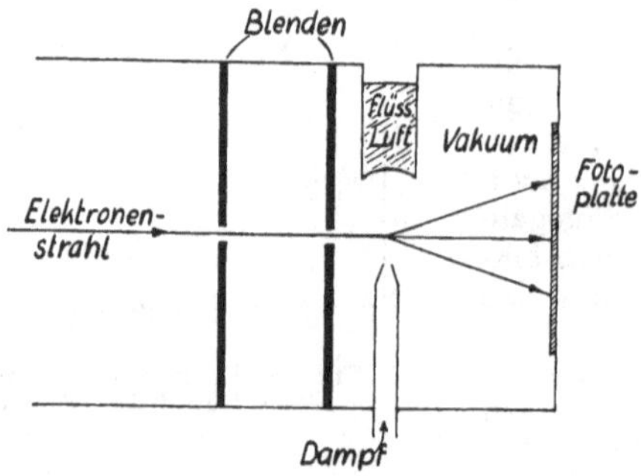

Fig. 24. Elektronenbeugungs-Apparatur, schematisch

zwei Wege einschlagen. Man könnte die Welleneigenschaften der Teilchen benutzen, indem man die SCHRÖDINGER-Gleichung ansetzt und quantenmechanisch rechnet. Andererseits kann man die Teilchen als Korpuskeln ansehen, die sich mit gegebener Anfangsgeschwindigkeit an einem Atom vorbeibewegen und dabei unter den Einfluß des elektrischen Kraftfeldes von Kern und Hüllenelektronen geraten. Wir wählen hier die begrifflich einfachere, zweite Ableitung.

45. Streuung eines Elektrons an einem Atomkern

Elektronen, die schnell sind gegenüber den schnellsten, d. h. innersten Elektronen eines gestoßenen Atoms, werden von diesen Atomelektronen nur wenig beeinflußt, da stoßendes und gestoßenes Teilchen gleiche Masse besitzen. Somit bleibt also als ablenkende Wirkung in erster Näherung nur diejenige des + Z-fach geladenen schweren Atomkernes übrig. Betrachten wir nun diesen (in erster Näherung) als ruhend, so wird die Bahn des stoßenden Elektrons eine Hyperbel. Denn das elektrische Kraftfeld des Kernes variiert mit $1/r^2$, und das Teilchen kommt aus dem Unendlichen (ähnlich einer Kometenbahn).

Wir wenden den Energiesatz auf das Elektron an, einmal in unendlicher Entfernung vom Kern ($E_{pot} = 0$; An-

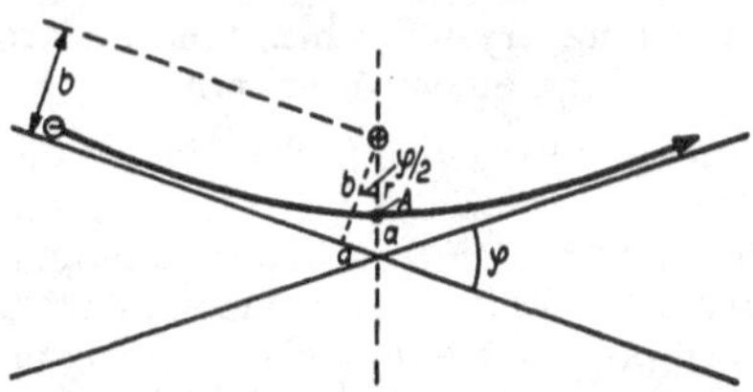

Fig. 25 Streuung eines Elektrons am Kern

fangsgeschwind. $= u_0$), und einmal im Punkt A (vgl. Fig. 25), wo die Geschwindigkeit u_A sei. Dann gilt

$$\frac{m}{2} u_0^2 = \frac{m}{2} u_A^2 - \frac{Z \cdot e_0 e_0}{r}. \tag{16}$$

(Die Ladungen sind $-e_0$ für das Elektron und $+ Z \cdot e_0$ für den Kern!)

Mit ε als Exzentrizität der Hyperbel folgt aus der Fig. 25

$$r = \varepsilon - a. \tag{17}$$

Ferner gilt wegen der geometrischen Eigenschaften einer Hyperbel $b^2 = \varepsilon^2 - a^2$, wo b die Entfernung bedeutet, in der das Elektron ohne Anziehungskraft am Kern vorbeifliegen würde.

Anwendung des Drehimpulssatzes gibt ferner

$$m\, u_0\, b = m \cdot u_A(\varepsilon - a) \tag{18}$$

Aus Gll. (16), (17) und (18) eliminiert man u_A (und damit automatisch b) und erhält

$$a = \frac{Ze_0{}^2}{m \cdot u_0{}^2}.$$

Für den Winkel φ, um den das Elektron aus seiner ursprünglichen Richtung abgelenkt wird, ergibt die Figur

$$\frac{b}{a} = \operatorname{cotg}(\varphi/2),$$

also

$$b = \frac{Ze_0{}^2}{mu_0{}^2} \operatorname{cotg} \varphi/2. \tag{19}$$

46. Streuung eines Strahles von Elektronen an einem Atomkern

Um die Streuintensität J zu finden, die ein ganzer Strahl von Elektronen der Intensität J_0 in die Richtung φ sendet, muß man Elektronen gleicher Einfallsrichtung, aber unterschiedlichen Abstandes b vom streuenden Kern betrachten. Ihre Anzahl ist pro cm² gleich J_0. Einer geringen Änderung db des Abstandes b entspricht laut Gl. (19) eine Änderung $d\varphi$ des Streuwinkels φ gemäß

$$db = \frac{Ze_0{}^2}{mu_0{}^2} \cdot \frac{d\varphi}{2 \sin^2(\varphi/2)}. \tag{20}$$

Alle Teilchen, deren Abstand vom Kern zwischen b und $b + db$ liegt, erfüllen einen Hohlzylinder (s. Fig. 26) und erscheinen, wenn man sie in einer gegen b großen Entfernung R ($R \gg b$) auffängt, nach der Streuung in

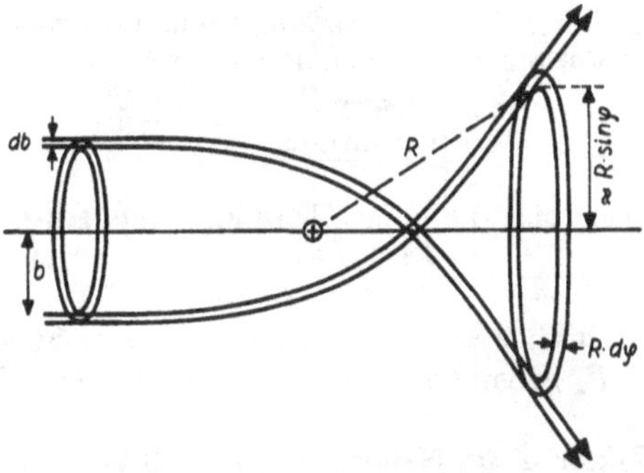

Fig. 26 Streuung eines Elektronenstrahles am Kern

einem Kreisring des (ungefähren) Durchmessers $R \cdot \sin\varphi$ und der Breite $R\,d\varphi$. Also muß gelten

$$(21) \qquad J_0 \cdot \underbrace{2\pi b \cdot db}_{\substack{\text{Fläche}\\ \text{vor der Streuung}}} = J \cdot \underbrace{2\pi R \sin\varphi \cdot R \cdot d\varphi}_{\substack{\text{Fläche}\\ \text{nach der Streuung}}}$$

Durch Einsetzen von (20) in (21) folgt dann

$$J = \frac{J_0}{R^2} \cdot \frac{Z^2 e_0^4}{4 m^2 u_0^4} \cdot \frac{1}{\sin^4(\varphi/2)}.$$

Das ist die berühmte, schon von RUTHERFORD bei Untersuchung der Streuung von α-Teilchen an Atomen benutzte Streuformel. In ihr sind vernachlässigt einmal die tatsächlich vorhandene Rückstoßbewegung des Streuzentrums und ferner der Einfluß der äußeren Elektronenhülle, falls ein Atom als Streuzentrum vorliegt. Die wellenmechanische Ableitung berücksichtigt dies von vornherein. Dabei erhält man fast genau die obige Formel. Nur ist Z durch $Z - F$ zu ersetzen, wobei F genau den gleichen Atomformfaktor darstellt, wie er im Fall der Röntgenstrahlbeugung abgeleitet wurde (Gl. [14 a], S. 65). Dann lautet die Formel

$$\frac{J}{J_0} = \frac{e^4}{u^4 m^2} \cdot \frac{1}{R^2} \cdot \frac{(Z - F)^2}{4 \sin^4(\varphi/2)}.$$

Wie im Fall der Röntgenstrahlung können wir daher einen *Elektronenformfaktor* F_e definieren durch

$$F_e = \frac{Z-F}{\left(\frac{4\pi \sin \varphi/2}{\lambda}\right)^2} = \frac{Z-F}{\mu^2},$$

mit welchem sich die obige Gleichung dann schreibt

$$\frac{J}{J_0} = \frac{64\pi^2 m_e{}^2 e_0{}^4}{h^4} \cdot \frac{1}{R^2} \cdot F_e{}^2. \tag{22}$$

Dabei ist noch $\lambda = h/m_e u$ benutzt worden. So erkennt man, daß F_e genau wie F nur von $\mu = (4\pi \sin \varphi/2)/\lambda$ abhängt.

Der Faktor μ^4 im Nenner von Gl. (22) bedingt bei abnehmendem φ einen äußerst starken Abfall von J, der experimentell sehr störend ist, da die Maxima und Minima fast völlig verwischt werden. Er läßt sich jedoch experimentell durch Zwischenschalten eines rotierenden Sektors entsprechender Form kompensieren (FINBACK, 1937). Dadurch empfängt die registrierende Photoplatte bei kleinen φ etwa die gleiche Intensität wie bei großen Winkeln und die Maxima und Minima von J werden beobachtet.

Auch bei der Elektronenstrahlbeugung tritt eine *inkohärente* Streustrahlung auf, die ihre Ursache z. B. in einer Absorption von Energie der stoßenden Elektronen in der Elektronenhülle des Atoms haben kann. MORSE hat 1932 diese Intensität berechnet zu

$$\frac{J_{inkoh}}{J_0} = \frac{64\pi^2 m_e{}^2 e_0{}^4}{h^4} \cdot \frac{1}{R^2} \cdot \frac{Z}{\mu^4} \cdot g.$$

g ist dabei die gleiche Funktion, die Figur 21 (S. 66) wiedergibt.

47. Elektronenstreuung am Molekül

Liegt ein Molekül aus n Atomen vor, so lassen sich zur Berechnung der Interferenzwirkungen die gleichen Betrachtungen wie bei der Röntgenstreuung anwenden. Es ergeben sich also auch die gleichen Formeln. Man findet

$$\left(\frac{J}{J_o}\right)_{El} = \frac{64\pi^2 m_e{}^2 e_o{}^4}{h^4} \cdot \frac{1}{R^2} \cdot \frac{1}{\mu^4} \cdot \left[\sum_j \sum_k (Z_j - F_j) \cdot (Z_k - F_k) \cdot \frac{\sin(\mu a_{jk})}{\mu a_{jk}}\right]$$

(die F sind die Formfaktoren für *Röntgen*streuung!)

48. Vergleich von Röntgenstrahl- und Elektronenstrahlstreuung

Der Mechanismus bei der Streuung beider Strahlensorten ist durchaus verschieden. Die Röntgenstrahlen sprechen nämlich auf die Elektronenhülle an, wie man aus der Ableitung der Formeln sieht. Demgegenüber erfassen Elektronenstrahlen die Atomkerne. Die Ergebnisse beider Methoden sind jedoch hinsichtlich der Lokalisierung des Atomskeletts in einem Molekül identisch (± 0,01 Å). Denn die Atome im Molekül besitzen als zum Atom gehörige Elektronenhüllen meist abgeschlossene Schalen, die kugelsymmetrisch um den Kern angeordnet sind. Die äußersten Elektronen werden ja zu Bindungszwecken zwischen 2 Atomen verwendet, und es handelt sich meist nur um wenige solche Außenelektronen. Nur bei ganz leichten Atomen können Abweichungen zwischen den Ergebnissen beider Methoden auftreten, da dann für den Fall der Röntgenstrahlen die Zahl der kugelsymmetrisch liegenden Elektronen vergleichbar wird der Zahl der unsymmetrisch zum Kern liegenden Valenzelektronen.

Daraus folgt sofort ein sehr erheblicher Nachteil der Röntgenmethode. Wasserstoff-Atome nämlich können nicht nachgewiesen werden, da ihnen im gebundenen Zustand die Elektronenhülle ganz fehlt oder doch nur aus bindenden Elektronen besteht. Je schwerer also ein Atom ist, um so leichter ist es durch Röntgenbeugung nachzuweisen. Für Elektronenstrahlen gilt das nicht in dem Maße, da der H-Kern immer einen Streueffekt ergeben muß.

Ein weiterer Vorzug der Elektronenstrahlen ist die mit ihnen erreichbare weit höhere Intensität des abgebeugten Lichtes. Während man bei Verwendung von Röntgenstrahlen stundenlange Belichtungszeiten braucht, sind bei Elektronenstrahlen nur Sekunden nötig.

Die Meßfehler liegen bei beiden Methoden etwa bei $\pm$ 0,01 Å für die Kernabstände, nachdem man gelernt hat, die Hochspannungen zur Beschleunigung der Elektronen hinreichend zu stabilisieren. Dies ist auch eine prinzipielle Grenze, da die Atome im Molekül Schwingungen ausführen, also ein absolut konstanter Abstand der Kerne gar nicht vorliegt.

49. Neutronenbeugung

Nachdem man in der Strahlung der Atomreaktoren eine Neutronenquelle hinreichender Intensität zur Verfügung hat, sind auch Neutronenstrahlen mit Erfolg zur Messung von Atomabständen eingesetzt worden. Allerdings ist der Nachweis des abgebeugten Strahles mittels Fotoplatte nur schwierig (z. B. durch Vorschalten einer Indium-Folie) möglich. Daher verwendet man meist Geiger-Müller-Zählrohre, die mit BF_3 gefüllt sind. Dabei spricht das Zählrohr auf die Kernreaktion an

$$B^{10} + n^1 \longrightarrow Li^7 + He^4.$$

Ferner sind die aus dem Reaktor kommenden Neutronen nahezu im thermischen Gleichgewicht, d. h. sie besitzen alle möglichen Geschwindigkeiten (Maxwell-Boltzmann-Verteilung). Zur Erzeugung von Neutronen einer einzigen, definierten Geschwindigkeit muß man also ausblenden, wodurch von der Intensität des ursprünglichen Strahles viel verloren geht. Daher dauern die Intensitätsmessungen, die durch Zählen der Neutronen unter den verschiedenen Streuwinkeln erfolgen, relativ lange.

Neutronen tragen keine elektrische Ladung, sind also durch elektrische Felder nicht beeinflußbar. Das hat für die Praxis den Vorteil, daß die Streueffekte der Hüllenelektronen völlig vernachlässigbar sind. Deswegen existiert auch kein die Theorie komplizierender „Formfaktor“. Für die theoretische Behandlung der Neutronenbeugung bedingt das Fehlen elektrostatischer Kräfte jedoch den Nachteil, daß man nicht mehr wie im Fall der Elektronenbeugung mit klassischer Physik rechnen kann. Nur Anwendung der Quantenmechanik liefert brauchbare Ergebnisse. Deswegen wird eine Ableitung an dieser Stelle auch gar nicht versucht. Wir stellen nur einige *charakteristische Unterschiede* zwischen Röntgenstrahlbeugung und Neutronenbeugung zusammen und beschreiben neue Effekte, die nur bei der Streuung von Neutronen auftreten.

Für Röntgenstrahlen ist die Streuintensität proportional der Kernladungszahl und kann daher um mehrere Zehnerpotenzen variieren. Im Fall von Neutronen beobachtet man für viele Atome unabhängig vom Atomgewicht größenordnungsmäßig gleiche Streuintensitäten. Daher sollte eigentlich der *Nachweis von H-Atomen* mittels Neutronenstreuung ebenso leicht sein wie derjenige schwererer Atome. *H*-Kerne liefern aber leider eine relativ hohe inkohärente Streustrahlung, die sehr störend ist. Indessen läßt sich diese Schwierigkeit fast völlig umgehen, indem man nicht die *H*-haltigen Verbindungen untersucht, sondern den Wasserstoff durch *D*-Atome substituiert. Deuterium-Kerne liefern nämlich fast keine inkohärente Streuung. Auch bei vielen anderen Atomen ist dieser inkohärente Anteil sehr gering. Ferner ist er nahezu kugelsymmetrisch. Daher sind die kleinen Korrektionen für alle Streuwinkel gleich groß.

Weiterhin treten bei der Neutronenstreuung einige Sondereffekte auf, die wir bei Röntgenstrahl- oder Elektronenbeugung nicht kennen:

1. Ob man *isotope Atomarten* in der untersuchten Molekülsorte vorliegen hat (z. B. Kohlendioxyd aus $C^{12}O_2$ und $C^{13}O_2$ bestehend) oder nicht, spielt für die Röntgenstrahlinterferenzen keine Rolle, da diese nur von der Elektronenhülle abhängen. Bei Verwendung von Neutronenstrahlen kann jedoch der Streueffekt für Isotope des glei-

chen Elementes durchaus unterschiedlich sein. Eine statistische Verteilung der Isotope auf die einzelnen untersuchten Moleküle, wie sie z. B. in einem gewöhnlichen Mischelement vorliegt, liefert daher einen inkohärenten Anteil zur Streustrahlung.

2. Besitzen die Atome der untersuchten Verbindung einen von Null verschiedenen *Kernspin*, so kommt es für die Streuung von Neutronen auf die gegenseitige Orientierung der Spins des stoßenden und gestoßenen Teilchens an. Auch hier liefert die statistische Verteilung der Kernspin-Richtungen einen Anteil zur inkohärenten Streustrahlung.

3. Die Amplituden der Neutronenstreuung können an unterschiedlichen Atomsorten sogar dem Vorzeichen nach verschieden sein. Wenn zwei Strahlen mit positiver bzw. negativer Amplitude interferieren, kann teilweise Auslöschung von Interferenzmaxima eintreten. *Negative Amplituden* wurden bisher nur für *H*, Li^7, *Ti*, *Mn* beobachtet.

4. Röntgenstrahlen werden von schwereren Elementen benachbarter Ordnungszahlen fast genau gleich stark ge-

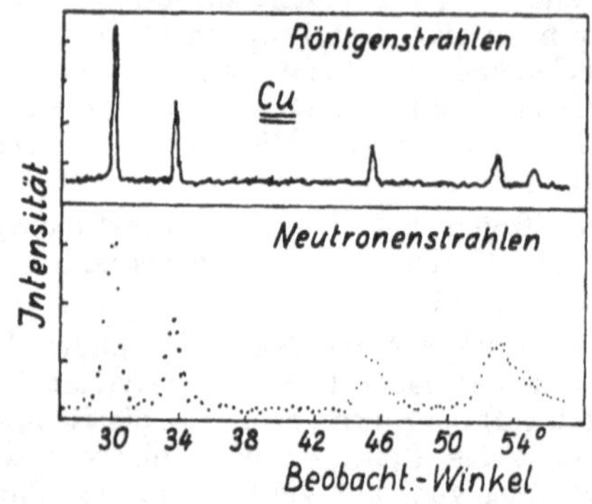

Fig. 27. Neutronenbeugung an festem Kupfer (SHULL u. WOLLAN. 1949)

streut. Demgegenüber können bei Benutzung von Neutronen in solchen Fällen erhebliche Unterschiede vorkommen. *Fe* liefert beispielsweise eine 10mal höhere Streuintensität als *Co*. Infolge dieses Unterschiedes war es möglich, Überstrukturen in *FeCo*-Legierungen einwandfrei zu vermessen, was mit Röntgenstrahlen prinzipiell unmöglich ist.

Ein Nachteil der Neutronenmethode besteht bis heute noch darin, daß die Maxima relativ breit und unscharf sind. Dies beruht darauf, daß die für einen bestimmten Streuwinkel gezählte Teilchenzahl relativ klein ist, wenn man zu annehmbaren Versuchsdauern kommen will. Benachbarte Maxima sind daher schwierig zu unterscheiden, was aus Fig. 27 hervorgeht, die Streuintensitäten für Röntgenstrahlen bzw. Neutronenstrahlen nach Messungen an festem *Cu* wiedergibt.

B. Absorptionsspektren von Molekülen

50. Molekülspektren

Als Mechanismus der Emission und Absorption von Licht kennen wir vom Atom her das Springen eines Elektrons zwischen verschiedenen Energiezuständen, wobei die BOHRsche Frequenzbedingung $h\nu = E' - E''$ gilt. Da diese Elementarakte in molekularen Dimensionen stattfinden, können wir nur von der Quantentheorie richtige Aussagen über Anzahl und Lage der Energiestufen E erwarten. Entsprechend der relativ geringen Anzahl der für die Elektronen möglichen Energiezustände beobachtet man in Atomspektren auch nur verhältnismäßig wenige Linien. Demgegenüber ist in einem Molekülspektrum die Anzahl der Spektrallinien ganz erheblich größer. Daraus muß man schließen, daß die Menge der in Molekülen möglichen Energiezustände wesentlich höher ist.

Nach dem Grundgesetz der Quantentheorie gibt es Energiequanten immer nur für periodische Bewegungen. Im Atom sind dies nach dem BOHRschen Modell die Bahnen der Elektronen, also *Rotationen.* Im Molekül sind nun außerdem noch andere Typen der Rotation möglich, nämlich die Drehung des ganzen Atomskeletts um seinen Schwerpunkt. Dies liefert e i n e neue Mannigfaltigkeit von Energiezuständen. Ferner ist im Molekül aber auch der zweite aus der klassischen Mechanik bekannte Typ periodischer Bewegungen möglich, nämlich *Schwingungen* der Atomkerne gegeneinander. Daher setzen sich die für ein Molekül möglichen Energiestufen aus solchen der Rotationsenergie (E_{rot}), der Schwingungsenergie (E_{osz}) und der Elektronenenergie (E_{el}) zusammen.

Die allgemeinste Darstellung der von einem Molekül absorbierten (oder emittierten) Frequenzen ν [1/sek] muß demzufolge sein

$$h\nu = (E'_{el} - E''_{el}) + (E'_{osz} - E''_{osz}) + (E'_{rot} - E''_{rot}).$$

Dabei beziehen sich die E'-Werte auf den Zustand der höheren Energie, der Zustand E'' entspricht der geringeren Energie. Die Werte der im einzelnen möglichen Energiestufen lassen sich nur mit quantentheoretischen Rechnungen erhalten. Das einfache BOHRsche Modell liefert keine völlig richtigen Resultate.

Die später angegebenen Formeln zeigen, daß die Abstände der Stufen für die Elektronenenergien, für die Oszillationsenergien bzw. für die Rotationsenergien bei einfachen Molekülen meist um Größenordnungen verschieden sind. Und zwar liegen die Rotations-Niveaus relativ dicht beieinander, während die Stufen der Elektronenenergie die größten Abstände besitzen. Die kleinsten Quanten sind also die Rotationsquanten. Sie können daher absorbiert werden, ohne daß Schwingungs- oder Elektronenzustand sich ändern *(Reine Rotations-Spektren).* Absorption größerer Quanten, die den Energiestufen der Oszillationen entsprechen, bewirken jedoch immer auch eine Änderung des Rotationszustandes *(Rotations-Schwingungs-Spektrum).* Die häufig im Sichtbaren ($\lambda = 0{,}8$ bis $0{,}4\,\mu$) liegenden *Elektronenspektren* enthalten immer auch Änderungen des Oszillations- und Rotationszustandes des Moleküls. Dieser Teil des Spektrums ist am schwierigsten zu entwirren, da er die meisten Linien enthält.

Das Spektrum eines Moleküls läßt sich also in 3 Gebiete aufteilen:

a) nur Änderung der Rotations-Energie
$\lambda > 20\,\mu$ (langwelliges Ultrarot)

b) zusätzlich Änderungen der Schwingungsenergie
$\lambda = 20$ bis $3\,\mu$ (Ultrarot)

c) zusätzlich Änderungen der Elektronenenergie
$\lambda = 3\,\mu$ bis $0{,}2\,\mu$ (Sichtbar bis ultraviolett).

51. Reine Rotationsspektren 2-atomiger Moleküle

Wie man Zusammenhänge zwischen Molekül-Struktur und Spektrum auffinden kann, läßt sich am leichtesten am Beispiel der Rotations-Spektren eines 2-atomigen Moleküls erläutern. Das HCl-Molekül z. B. läßt sich als unsymmetrische Hantel auffassen, deren Massen m_H bzw. m_{Cl} um den gemeinsamen Schwerpunkt rotieren können. Die Energie einer solchen rotierenden Hantel läßt sich nach der klassischen Mechanik mittels Trägheitsmoment I und Winkelgeschwindigkeit ω darstellen als

$$E_{rot} = \frac{I}{2}\omega^2 \tag{23}$$

(entsprechend dem $\frac{m}{2}v^2$ für Translationsbewegungen). Dabei ist das Trägheitsmoment

$$I = m_H \cdot r_H^2 + m_{Cl} \cdot r_{Cl}^2$$

($r_H + r_{Cl} = r_{HCl}$ = Abstand der beiden Atome,
r_H = Abstand des H-Atoms vom Schwerpunkt des Systems).

I läßt sich auf Grund des Momentensatzes $m_H \cdot r_H = m_{Cl} \cdot r_{Cl}$ sowie der Definitionsgleichung $r_{HCl} = r_H + r_{Cl}$ darstellen durch

$$I = \frac{m_H \cdot m_{Cl}}{m_H + m_{Cl}} \cdot r_{HCl}^2 = \mu \cdot r_{HCl}^2,$$

worin μ die *reduzierte Masse* bedeutet, die definiert ist durch die Gleichung $\frac{1}{\mu} = \frac{1}{m_H} + \frac{1}{m_{Cl}}$. Man kann also das System der zwei Massen ersetzt denken durch eine einzige Masse μ, die im Abstand r_{HCl} um den Drehpunkt umläuft. Ein solches System nennt man einen *starren Rotator*.

Um die Stufen der Rotationsenergie zu finden, brauchen wir eine Quantisierungsbedingung. Diese wird also letzten Endes die Winkelgeschwindigkeit ω auf gewisse, diskrete Werte beschränken. Die halbklassische Methode schließt an die Quantenbedingung des sog. harmonischen Oszillators an.

Ein *Oszillator* wäre modellmäßig ein zwischen 2 elastischen Spiralfedern aufgehängter Massenpunkt der Masse *m*. Dieser kann Schwingungen ausführen, für welche die Quantenmechanik Energiewerte findet, welche der Gleichung

$$E_{osz} = (v + \tfrac{1}{2}) \cdot h\nu \qquad (v = 0, 1, 2, \ldots)$$

entsprechen. Ein solcher Oszillator besitzt nun kinetische und potentielle Energie; und zwar im Mittel (über eine ganze Schwingung) sind beide Anteile gleich groß, d. h. $E_{kin} = E_{pot}$. Daher gilt z. B.

$$E_{kin} = \frac{E_{osz}}{2} = \frac{1}{2}\left(v + \frac{1}{2}\right) \cdot h\nu.$$

Der Rotator hat ausschließlich kinetische Energie. (Er fängt nicht wieder mit seiner periodischen Bewegung, der Rotation, an, wenn man ihm durch Festhalten die kinetische Energie weggenommen hat. — Im Gegensatz dazu beginnt ein Pendel (ein Oszillator) im allgemeinen wieder zu schwingen, wenn man es in einem beliebigen Punkte seiner Bahn festhält und dann wieder freigibt!) Daher wollen wir die Quantenbedingung für die E_{kin} des Oszillators für die Energie des Rotators übernehmen und setzen einfach

$$E_{rot} = \frac{1}{2}\left(v + \frac{1}{2}\right) \cdot h \cdot \nu_u. \tag{24}$$

ν_u ist dabei die Umlaufsfrequenz des Rotators, die mit seiner Winkelgeschwindigkeit ω in der Beziehung steht

$$2\pi\nu_u = \omega. \tag{25}$$

Durch Gleichsetzen des klassischen Ausdrucks (23) und des quantenmechanischen Ausdrucks (24) für die Rotationsenergie bekommen wir

$$\frac{I}{2}\omega^2 = \frac{1}{2}\left(v + \frac{1}{2}\right) \cdot h \cdot \nu_u.$$

Daraus und aus (25) lassen sich ν_u und ω einzeln durch J, h und v ausdrücken

$$\nu_u = \frac{(v + \frac{1}{2}) \cdot h}{4\pi^2 I} \quad \text{und} \quad \omega = \frac{(v + \frac{1}{2}) \cdot h}{2\pi I}.$$

Setzt man dies ν_u in (24) ein, so folgt als Bedingung für die *Stufen der Rotations-Energie*

$$E_{rot} = \frac{h^2}{8\pi^2 I}\left(v + \frac{1}{2}\right)^2 = \frac{h^2}{8\pi^2 I}\left[v(v+1) + \frac{1}{4}\right].$$

Die exakte quantentheoretische Ableitung liefert bis auf das Glied $^1/_4$ denselben Wert, nämlich

$$E_{rot} = \frac{h^2}{8\pi^2 I} \cdot J(J+1) \qquad (J = 0, 1, 2, \ldots).$$

Dabei ist statt v für die Rotationsquantenzahl der allgemein übliche Buchstabe J geschrieben worden.

Diese grundlegende Formel gestattet nun, die Frequenzen ν der im reinen Rotationsspektrum einen 2-atomigen Moleküls zu erwartenden Spektrallinien anzugeben. Man muß hierzu nur noch wissen, zwischen welchen dieser Energiezustände die häufigsten Übergänge stattfinden. Die Quantentheorie weist nach, daß dies fast ausschließlich bei benachbarten Stufen erfolgt. Derartige Auswahlregeln gibt es für alle Quantenzahlen. Hier gilt also die

Auswahlregel für J: $\Delta J = \pm 1$.

Nach der BOHRschen Frequenzbedingung $h\nu = E'_{rot} - E''_{rot}$ hat man daher für die Frequenzen des absorbierten Lichtes

$$h\nu = \frac{h^2}{8\pi^2 \cdot I}(J+1)(J+2) - \frac{h^2}{8\pi^2 \cdot I}J(J+1)$$

$$= \frac{h^2}{8\pi^2 \cdot I} \cdot 2 \cdot (J+1) = \frac{h^2}{4\pi^2 I}(J+1)$$

oder

$$\text{Rotations-Frequenzen:} \quad \tilde{\nu} = \frac{h}{4\pi^2 I}(J+1) \quad [1/\text{sek}]$$

$$\text{Rotations-Wellenzahlen:} \quad \nu = \frac{h}{4\pi^2 I \cdot c}(J+1) \quad [1/\text{cm}].$$

Die *Wellenzahlen* $\tilde{\nu}$ sind die Reziproken der Wellenlängen λ:

$$\nu = \frac{1}{\lambda}\ [1/\text{cm}],$$

während die *Frequenz* ν nach der allgemeinen Wellengleichung $\lambda \cdot \nu = c$ zu $\tilde{\nu} = \frac{c}{\lambda}$ [1/sek] folgt.

Der Ausdruck $\frac{h}{8\pi^2 I}$ oder aber $\frac{h}{8\pi^2 \cdot I \cdot c}$ wird als *Rotationskonstante B* bezeichnet.

Das reine Rotations-Spektrum besteht nach der obigen Formel aus *Linien gleichen Abstandes,* und man kann bereits aus dem Abstand zweier Linien das Trägheitsmoment berechnen zu

$$I = \frac{h}{4\pi^2 \cdot c \cdot \Delta\nu}.$$

Damit ist aber eine Methode gefunden, den Abstand in 2-atomigen Molekülen zu bestimmen, die weit genauer ist als die übrigen Meßverfahren der Elektronenbeugung oder der Röntgeninterferenzen.

52. Mikrowellen-Spektren

Je schwerer die in einem Molekül enthaltenen Atome sind, um so höher wird das Trägheitsmoment. Daher verschieben sich die Rotationsspektren zu immer kleineren Frequenzen, d. h. zu größeren Wellenlängen (1 mm bis 10 cm). In diesem Gebiet braucht man gänzlich andere Spektrographen und verwendet als „Lichtquelle“ keine Wolfram- oder Wasserstoff-Lampe, sondern erzeugt die zu absorbierenden Wellen durch Mittel der Hochfrequenz-Technik.

Ein Sender, z. B. ein Klystron, liefert eine Strahlung bestimmter Wellenlänge. Sie durchsetzt den zu untersuchenden (meist gasförmigen) Stoff. Ein Teil der Sender-Energie wird elektrisch abgezweigt und zum Nachweis einer eventuellen Absorption von Strahlungsenergie durch das zu untersuchende Material verwendet.

Die absolute Genauigkeit der Frequenzmessung ist außerordentlich hoch. Daher werden mit dieser Methode äußerst genaue Werte für die Trägheitsmomente und damit für die Atomabstände erhalten. Z. B. hat man für die Rotationskonstanten B der CH_3Cl-Isotop-Moleküle mit Cl-35, Cl-36 und Cl-37 folgende Werte gefunden

$$CH_3Cl^{35} \quad B = 13\,292{,}95 \pm 0{,}01 \quad [\mathrm{sec}^{-1}]$$
$$CH_3Cl^{36} \quad = 13\,187{,}66$$
$$CH_3Cl^{37} \quad = 13\,088{,}24 \pm 0{,}22.$$

Man hat also sechs geltende Ziffern richtig!

Diese hohe Genauigkeit erlaubt die Auflösung von Rotations-Strukturen, die mit keinem anderen Spektrographen möglich waren. Ferner liefern die Mikrowellen-Spektren durch Untersuchung von Stoffen in äußeren elektrischen Feldern (STARK-Effekt) auch Werte für die Dipolmomente von angeregten Molekülen. Weiterhin kann man weitgehende Aufschlüsse über die Kraftfelder im Molekül-Inneren durch Untersuchungen der Hyperfeinstruktur der Rotations-Linien gewinnen. Eine Aufspaltung der Rotationsniveaus kann nämlich eintreten durch die Wechselwirkung des Molekülfeldes mit a) der Elektronenbewegung und b) dem Quadrupolmoment der Kerne. Diese wichtigen Gebiete liegen jedoch außerhalb des hier zu behandelnden Stoffes.

53. Nicht-starrer Rotator

Im allgemeinen ist der Abstand der Rotations-Linien nicht exakt konstant. Hierfür muß man einen Fehler des bisherigen Modells verantwortlich machen. Der Abstand der Atome ist ja in Wirklichkeit nicht konstant, da er durch die chemische Bindungskraft bedingt ist, die nicht durch eine starre Stange dargestellt werden kann. Deswegen wird sich nach den aus der klassischen Mechanik bekannten Erscheinungen die die chemische Bindungskraft darstellende „Spiralfeder" um so weiter ausrecken, je höher die Winkelgeschwindigkeit der Rotation ist. Diese *Zentrifugalwirkung* läßt sich (nach der Quantentheorie) in der Formel für die Energiestufen durch ein Zusatzglied berücksichtigen

$$E_{rot} = \frac{h^2}{8\pi^2 I} J(J+1) - D \cdot J^2(J+1)^2.$$

In der Konstanten D steckt dann die Kraftkonstante der elastischen Bindung zwischen beiden Atomen. Daher läßt sich aus dem reinen Rotationsspektrum auch Aufschluß über die Stärke der chemischen Bindung erhalten.

54. Auftreten von Rotations-Linien

Man hat nach Erkenntnis dieser Zusammenhänge natürlich versucht, auch Rotationsspektren von Cl_2, H_2, N_2 usw. zu bestimmen. Bei solchen gleichatomigen Molekülen werden aber k e i n e Rotationsspektren gefunden. Der Grund läßt sich aus der elektromagnetischen Strahlungstheorie (also klassisch) einsehen. Damit elektromagnetische Wellen abgestrahlt werden können, muß eine periodisch bewegte elektrische Ladung vorhanden sein (vgl. Sendeantenne!). Damit durch Änderung des Rotationszustandes eines Moleküls Ausstrahlung hervorgerufen wird, muß also während der Umdrehung auch elektrische Ladung bewegt werden. Nun fällt aber bei (symmetrischen) A_2-Molekülen der Schwerpunkt von positiver und negativer Ladung zusammen und liegt wegen der Massensymmetrie immer in der Rotationsachse. Daher haben solche *dipollosen Moleküle kein Rotationsspektrum.* Voraussetzung für das Auftreten von Rotationsspektren ist also, daß ein Dipolmoment während der Rotation seine Lage im Raum ändert.

55. Rotation komplizierterer Moleküle

Die 2-atomigen Moleküle stellen einen besonders einfachen Fall dar, da für ihre Rotation nur ein Trägheitsmoment bestimmend ist. Schon bei 3-atomigen Molekülen benötigt man 3 Trägheitsmomente, falls nämlich das Molekül gewinkelt ist (Beispiel: HOH). Das ist zugleich der allgemeinste Fall. Aus der klassischen Mechanik ist bekannt, daß man die Rotation eines unregelmäßigen Körpers mittels des *Trägheitsellipsoides* beschreiben kann. Die 3 Hauptachsen dieses Ellipsoides sind im allgemeinen verschieden. Zwei von ihnen können jedoch auch gleich sein (Rotations-Ellipsoid). Im Fall des 2-atomigen Moleküls entartet das Trägheitsellipsoid zu einer Kreisscheibe. Daher gibt es 3 wichtige Fälle, die im folgenden zusammengestellt sind:

Trägheits-momente	Trägheits-ellipsoid	Molekül-Typ	Beispiel
I	Kreisscheibe	*A*-*B* (Hantel)	HCl
I_A, $I_B (= I_C)$	Rotations-Ellipsoid	sym. Kreisel	NH_3 (Pyramide)
$I_A \neq I_B \neq I_C$	3-achsiges Ellipsoid	unsymmetr. Kreisel	H_2O (gewinkelt)

Den äußerst seltenen Fall des Kugelkreisels, bei dem $I_A = I_B = I_C$ ist, haben wir dabei nicht mit aufgeführt. —

Symmetrische Kreisel sind alle Moleküle, die eine 3- oder mehrzählige Symmetrieachse besitzen.

Nur für den *starren symmetrischen Kreisel* ist noch eine Darstellung der Energieniveaus in einer geschlossenen Formel möglich, und zwar findet man quantenmechanisch

$$E_{rot} = \frac{h^2}{8\pi^2 I_B} J(J+1) + \frac{h^2}{8\pi^2}\left(\frac{1}{I_A} - \frac{1}{I_B}\right)\cdot K^2.$$

K ist eine neue Quantenzahl, die die Größe der Komponente des Gesamtdrehimpulses in Richtung der Figurenachse des Kreisels beschreibt. Deswegen kann K immer nur kleiner als J sein, das den Gesamtdrehimpuls darstellt.

Auch hier ist wegen der Zentrifugalkräfte eine Korrektion nötig, die jedoch äußerst klein ist und daher hier nicht weiter behandelt werden soll. Als Auswahlregel gilt

$$\Delta K = 0; \quad \Delta J = \pm 1.$$

Damit ergibt sich für die Frequenzen

$$\nu = 2B\cdot(J+1),$$

also die gleiche Folge äquidistanter Linien wie bei der Hantel.

Das gleiche hätte man auch auf anderem Wege schließen können. Der Dipol des Moleküls liegt aus Symmetriegründen in der Figurenachse. Daher wird er bei einer Rotation um diese Figurenachse (mit dem Trägheitsmoment I_A) gar nicht periodisch verändert. Also ergibt sich auch keine Ausstrahlung oder Absorption von Licht. Es bleibt nur die Rotation um die zur Figurenachse senkrechten Achsen „ultrarot-aktiv". Um diese beiden Achsen hat das Molekül aber das gleiche Trägheitsmoment I_B. Daher gibt es das gleiche Rotationsspektrum wie eine Hantel.

Daß diese beiden Trägheitsmomente wirklich gleich sind, daß das Molekül also ein symmetrischer Kreisel ist, sieht man geometrisch nicht auf den ersten Blick; es läßt sich jedoch durch elementare Rechnung leicht nachweisen. Die Rotation erfolgt natürlich um den Schwerpunkt. Seine

Koordinaten im x, y, z-Koordinatensystem der Fig. 28 findet man aus der Anwendung des Momentensatzes der Mechanik (Kraft mal Kraftarm = Last mal Lastarm) auf eine Drehung um den Schwerpunkt senkrecht zur z-Achse. $\Delta H_1 H_2 H_3$ ist gleichseitig, daher

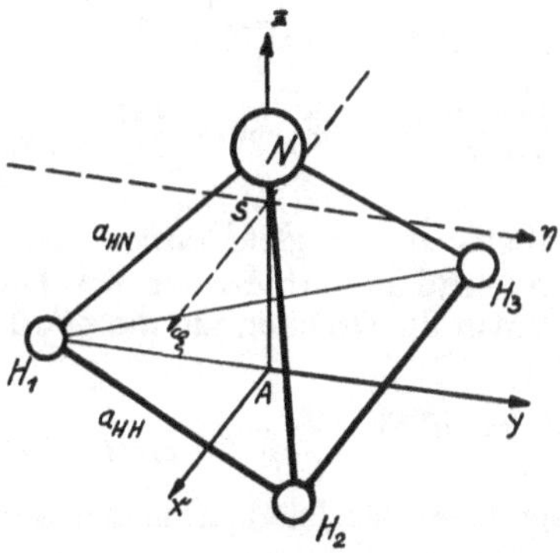

Fig. 28. Trägheitsmomente der Pyramide

$$AH = \frac{2}{3} \cdot \frac{a_{HH}}{2} \sqrt{3} = \frac{a_{HH}}{\sqrt{3}}.$$

Also wird

$$AN \equiv h = \sqrt{a_{HN}^2 - \frac{a_{HH}^2}{3}}.$$

Die z-Koordinate von S sei ζ. Dann lautet der Momentensatz

$$m_N \cdot (h - \zeta) = 3\, m_H \cdot \zeta$$

oder

$$\zeta = \sqrt{a_{NH}^2 - \frac{a_{HH}^2}{3}} \cdot \frac{m_N}{m_N + 3\, m_H}.$$

Schiebt man nun das Koordinatensystem längs der z-Achse bis in den Schwerpunkt S, so bekommen die Atome die folgenden Koordinaten

$$z_N = h - \frac{m_N \cdot h}{m_N + 3\,m_H}; \quad x_N = 0; \qquad y_N = 0;$$

$$z_{H_1} = -\frac{m_N \cdot h}{m_N + 3\,m_H}; \quad x_{H_1} = 0; \qquad y_{H_1} = -\frac{a_{HH}}{\sqrt{3}};$$

$$z_{H_2} = -\frac{m_N \cdot h}{m_N + 3\,m_H}; \quad x_{H_2} = \frac{a_{HH}}{2}; \qquad y_{H_2} = \frac{a_{HH}}{2 \cdot \sqrt{3}};$$

$$z_{H_3} = -\frac{m_N \cdot h}{m_N + 3\,m_H}; \quad x_{H_3} = -\frac{a_{HH}}{2} \qquad y_{H_3} = \frac{a_{HH}}{2 \cdot \sqrt{3}}.$$

Da das Trägheitsmoment gleich $\Sigma m_i\, \varrho_i^2$ ist, wo ϱ_i den senkrechten Abstand des Atoms von der Drehachse bedeutet, erhält man für Drehung um die x-Achse (oder um die y-Achse)

$$I_y = I_x = m_N h^2 \left(1 - \frac{m_N}{m_N + 3\,m_H}\right)^2 + m_H \cdot \frac{a_{HH}^2}{2},$$

womit die Gleichheit der Trägheitsmomente bewiesen ist.

56. Isotopie-Effekt

Wegen der Kreiselsymmetrie des NH_3 reichen die beobachteten Rotationslinien also nicht mehr zur Bestimmung beider Trägheitsmomente aus. Jedoch kann man mittels eines Kunstgriffs auch das zweite (I_A) noch ermitteln. Hierzu mißt man auch noch das Rotationsspektrum des ND_3-Moleküls. Für die Valenzkräfte zwischen den Atomen sind einzig die Elektronenhüllen maßgebend. Diese jedoch sind bei Wasserstoff H und Deuterium D gleich, was man aus dem Vergleich der Atomspektren beider Atome feststellt.

Aber auch im gebundenen Zustand verhält sich die Elektronenhülle des D-Atoms genau wie die des H-Atoms, was man aus der Tatsache sieht, daß das Molekül HD genau wie H_2 kein Rotations-Spektrum besitzt. Jede Ungleichartigkeit der Elektronenhüllen müßte im HD-Molekül zur Ausbildung eines Dipols führen und damit ein Rotationsspektrum geben.

Nach diesen Tatsachen sind also die Abstände $N—H$ bzw. $H—H$ im NH_3 gleich denen im ND_3. Einzig die Massen sind andere. Deswegen resultiert ein Rotationsspektrum mit anderem Linienabstand, und man hat nun prinzipiell 2 Gleichungen für das Trägheitsmoment (I_B):

$$I_{NH_3} = f_1 (a_{NH}, a_{HH})$$

$$I_{ND_3} = f_2 (a_{ND}, a_{DD}).$$

Da nach dem Obigen die Abstände $a_{NH} = a_{ND}$ und $a_{HH} = a_{DD}$ sind, kann man aus den beiden Gleichungen a_{NH} und auch a_{HH} berechnen, womit die Geometrie des NH_3-Moleküls vollständig bekannt ist. — Diese Methode der Untersuchung von isotop-substituierten Molekülen wird zur Strukturaufklärung immer wieder mit großem Erfolg angewandt.

57. Schwingungen 2-atomiger Moleküle

Ein 2-atomiges Molekül hat nur eine einzige Möglichkeit, Schwingungen auszuführen, nämlich das Dehnen und Komprimieren der zwischen beiden Atomen zu denkenden „Spiralfeder". Ähnlich wie beim Rotator kann man die Bewegung beider Massen gegeneinander ersetzen durch die Bewegung e i n e r im gemeinsamen Schwerpunkt befindlichen reduzierten Masse. Dann lassen sich auf diese Schwingung die Formeln der klassischen Mechanik für e i n e n elastisch an eine Ruhelage gebundenen Körper anwenden (Harmonische Schwingung). Allgemein ist die Schwingungsdauer T eines solchen „Pendels"

$$T = 2\pi \sqrt{\frac{\text{Masse}}{\text{Direktionskraft}}}.$$

(Direktionskraft = Kraft, die zur Auslenkung der Masse um die Längeneinheit aus der Ruhelage erforderlich ist.) Damit wird die Frequenz ν_0 [1/sek] der Bewegung

$$\nu_0 = \frac{1}{2\pi} \sqrt{\frac{k}{\mu}} \text{ [1/sek].}$$

k bezeichnet man als *Kraftkonstante* der Schwingung, während μ die reduzierte Masse ($1/\mu = 1/m_1 + 1/m_2$) darstellt. Dies k ist zwar kein Charakteristikum für die Geometrie des Moleküls. Es gibt uns aber, falls spektroskopisch bestimmbar, den einzigen Weg zu einer zahlenmäßigen Angabe der chemischen Bindungskraft zwischen 2 Atomen.

Die Energiestufen des harmonischen Oszillators sind nach S. 82

$$E_{osz} = \left(v + \frac{1}{2}\right) \cdot h\nu_o$$

mit der Auswahlregel $\Delta v = \pm 1$ für die Schwingungsquantenzahl v. Falls die Schwingungen jedoch zu groß werden (hohe Anregung), so kann man das Bild einer elastischen Kraft (Kraft K proportional dem Abstand ξ von der Ruhelage) nicht mehr benutzen, sondern man benötigt Zusatzglieder, die sich in den Ansatz für die Kraft als quadratische, kubische, usw. Glieder einführen lassen:

$$K = -k \cdot \xi + g \cdot \xi^2 + \ldots$$

Die Quantentheorie liefert für diesen Fall des *anharmonischen Oszillators* als Energiestufen

$$E_{anharm} = h\nu_e \left(v + \frac{1}{2}\right) - h\nu_e x_e \left(v + \frac{1}{2}\right)^2 + \ldots$$

Ferner wird dann die Auswahlregel $\Delta v = \pm 1$ durchbrochen und auch Übergänge mit $\Delta v = \pm 2, \pm 3, \ldots$ werden möglich. Ein anharmonischer Oszillator liefert also eine ganze Reihe von Banden, die der Grundschwingung, der 1. Oberschwingung, 2. Oberschwingung, usw. entsprechen.

Die Beobachtung dieser Oberschwingungsbanden liefert ein Mittel, die *Anharmonizitäts-Konstante* x_e zu berechnen. Sie ist wichtig für die Kenntnis des Kraftverlaufs zwischen 2 Atomen, also zur quantitativen Erfassung der chemischen Bindung.

58. Rotations-Schwingungsspektren; 2-atomige Moleküle

Der Veränderung des Schwingungszustandes bei Lichtabsorption ist stets auch eine Änderung des Rotationszustandes beigeordnet. Daher beobachtet man an Stelle der einen Linie mit der Frequenz ν_{osz} immer eine ganze Gruppe von Linien (= Bande), welche aber erst bei höherer Auflösung getrennt sichtbar werden, denn die Rotationsniveaus liegen sehr viel enger als die Schwingungsniveaus.

Die Art der Gruppierung erkennt man aus der allgemeinen Frequenzformel

$$h\nu = h\nu_{osz} + h\nu_{rot} = (E'_{osz} - E''_{osz}) + (E'_{rot} - E''_{rot}).$$

Für einen bestimmten Schwingungsübergang ist die Differenz $E'_{osz} - E''_{osz}$ eine Konstante. Sie bestimmt grob die Stelle im Gesamtspektrum, um die sich die Rotationslinien gruppieren. Für den 2. Summanden der obigen Formel gilt nach S. 84

$$h\nu_{rot} = E'_{rot} - E''_{rot} = hB'J'(J'+1) - hB''J''(J''+1)$$

$$\text{mit} \quad B' = \frac{h}{8\pi^2 \cdot I'} \quad \text{und} \quad B'' = \frac{h}{8\pi^2 I''}.$$

Das Zusatzglied zu ν_{osz} folgt also zu

$$\nu_{rot} = \frac{E'_{rot} - E''_{rot}}{h} = B'J'(J'+1) - B''J''(J''+1). \tag{26}$$

Die Trägheitsmomente I' und I'' sind im allgemeinen verschieden groß, da Anfangs- und Endzustand des Moleküls sich auch durch verschiedene Schwingungsanregung unterscheiden.

Es sind nun 2 Fälle denkbar: Bei Absorption des eingestrahlten Lichtes soll auf jeden Fall eine Schwingung angeregt werden. Jedoch kann entweder ein Bruchteil eines solchen Lichtquants zur weiteren Anregung der Rotation verwendet werden, oder aber das Molekül geht während der Absorption in einen tieferen Rotationszustand über, wobei die freiwerdende Rotations-Energie zusammen mit der eingestrahlten Lichtenergie die Anregung der Schwingung erst ermöglicht. Im ersten Fall wäre die aus dem eingestrahlten Licht absorbierte Frequenz etwas höher als die Schwingungsfrequenz, im 2. Fall etwas tiefer.

Wenn nun J'' den Anfangszustand und J' den Endzustand des Moleküls (bezüglich seiner Rotation) kennzeichnet, so entspricht im *1. Fall* J' der höheren Rotationsenergie, J'' der niederen Rotations-Energie. Zufolge der Auswahlregel $\Delta J = \pm 1$ heißt das $J' = J'' + 1$. Dieser Teil der Bande heißt *R-Zweig*, und man erhält seine Frequenzen durch Einsetzen der Auswahlregel $J' = J'' + 1$ in die Formel (26) für ν_{rot} zu

(27) $$\nu_R = (B' - B'')(J''+1)^2 + (B'+B'')(J''+1) \qquad [J'' = 0, 1, 2, 3, \ldots].$$

Der tiefstmögliche Wert von J'' ist hier $J'' = 0$, weil weitere Anregung der Rotation erfolgt.

Im 2. *Fall* erreicht die Frequenz des eingestrahlten Lichtes den Wert ν_{osz} nicht ganz. Dann kann die Schwingung trotzdem angeregt werden, wenn die Differenzbetrag der Energie aus einer im Molekül bereits vorhandenen Rotation gedeckt wird. In diesem Fall geht das Molekül von einem höheren auf ein tieferes Rotationsniveau über ($\Delta J = -1$), während gleichzeitig die Schwingung angeregt wird. Der Energiebetrag $E'_{rot} - E''_{rot}$ wird dann negativ, also $J' < J''$. Diesen Teil der Bande, der bei *kleineren Frequenzen* als ν_{osz} liegt, bezeichnet man als *P-Zweig*. Zufolge der Auswahlregel $J' = J'' - 1$ ergibt sich für die Frequenzen dieses Zweiges mittels Formel (26)

(28) $$\nu_P = (B' - B'')J''^2 - (B' + B'')J'' \qquad [J'' = 1, 2, 3, \ldots].$$

Der tiefstmögliche Wert von J'' ist hier $J'' = 1$, da bei diesem Mechanismus der Absorption ein Absinken der Rotationsenergie auf ein tieferes Niveau erfolgt. Das Endniveau J' kann also höchstens Null sein, das Anfangsniveau J'' muß den Wert von mindestens 1 haben. Daher fehlt die Linie $J'' = 0$, die sog. Null-Linie.

Die Form der Bande erkennt man, wenn man beachtet, daß B' und B'' sehr benachbart liegen kann, weil die Trägheitsmomente I' und I'' sich nur geringfügig unterscheiden. Daher ist $B' - B''$ sehr klein und für solche J''-Werte, die nicht allzugroß sind (etwa bis 6), bestimmen die in J''

l i n e a r e n Glieder der Formeln (27) und (28) die Werte von ν_R bzw. ν_P. Also ist für kleine J″ angenähert

$$R\text{-Zweig: } \nu_R \approx (B' + B'')\cdot(J'' + 1) \text{ mit } J'' = 0, 1, 2, 3, \ldots$$
$$P\text{-Zweig: } \nu_P \approx -(B' + B'')\cdot J'' \qquad \text{mit } J'' = 1, 2, 3, \ldots$$

Wir erhalten also 2 Folgen von äquidistanten Linien, die sich um die Schwingungsfrequenz ν_{osz} mit dem jeweiligen Abstand $B' + B'' \approx 2B$ gruppieren, wobei aber die Null-Linie der reinen Oszillation fehlt, da der P-Zweig erst bei $J'' = 1$ beginnt, wie oben ausgeführt.

Ein Beispiel bietet Fig. 29, die die Grundschwingungsbande des HCl (bei 3,5 μ) wiedergibt. Man erkennt deutlich die Null-Lücke bei 3,48 μ, sieht aber weiterhin, daß die Äquidistanz nur angenähert vorhanden ist. Dies rührt

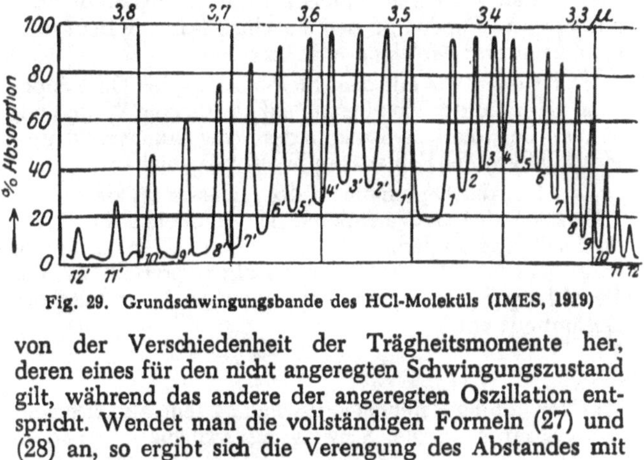

Fig. 29. Grundschwingungsbande des HCl-Moleküls (IMES, 1919)

von der Verschiedenheit der Trägheitsmomente her, deren eines für den nicht angeregten Schwingungszustand gilt, während das andere der angeregten Oszillation entspricht. Wendet man die vollständigen Formeln (27) und (28) an, so ergibt sich die Verengung des Abstandes mit wachsender Frequenz ohne weiteres.

Die B-Werte hängen also vom Schwingungszustand ab. Man kann angenähert für verschiedene Werte der Schwingungsquantenzahl v schreiben

$$B_v = B - a\,(v + \tfrac{1}{2}).$$

a hängt dabei in komplizierter Weise von den Eigenschaften der angeregten Schwingung ab, hat aber in der Regel einen positiven Wert.

59. Auftreten von Schwingungsspektren

Moleküle wie H_2, N_2, O_2, ... geben kein solches Schwingungsspektrum. Der Grund ist der gleiche, wie er beim Rotations-Spektrum gefunden wurde. Klassisch kann keine Abstrahlung bzw. Absorption von Energie stattfinden, wenn nicht während der Schwingung ein elektrisches Dipolmoment μ seine Größe periodisch ändert. Da in diesen symmetrischen 2-atomigen Molekülen $\mu = 0$ ist, bleibt es auch während der ganzen Schwingung Null, und solche Moleküle können in Absorption kein Schwingungsspektrum haben. — Diese Tatsache wird uns später die Zuordnung der Banden zu den einzelnen Schwingungstypen komplizierterer Moleküle erleichtern.

Hier wollen wir mit dem Mechanismus der Dipoländerung während der Schwingung auf klassischem Wege noch einmal die Rotations-Struktur des Schwingungsspektrums einschließlich des Fehlens der Null-Linie ableiten.

Es sei μ_0 das Dipolmoment des Moleküls im klassischen Ruhezustand. Jede Verrückung der Atome aus der Ruhelage soll eine Änderung von μ_0 liefern. Diese Änderung kann man in erster Näherung als direkt proportional der Verrückung ξ aus der Ruhelage ansetzen. Dann wird das Gesamtmoment

$$\mu = \mu_0 + \frac{d\mu}{d\xi} \cdot \xi.$$

Die Verrückung ξ soll eine Schwingung sein, also sich zeitlich sinusartig mit der Schwingungsfrequenz ν_{osz} ändern gemäß

$$\xi = \xi_0 \cdot \sin\,(2\,\pi\,\nu_{osz} t). \tag{29}$$

$\frac{d\mu}{d\xi}$ nennt man die „mitschwingende Ladung", da es die Dimension einer Ladung hat. Es ist in der hier angewandten Näherung als Konstante anzusehen. Nun befindet sich das ganze Molekül aber noch in Rotation mit der Frequenz ν_{rot}. Das Dipolmoment μ ändert seine 3 Komponenten (μ ist ja ein Vektor!) in einem raumfesten x, y, z-Achsensystem also periodisch mit der Frequenz ν_{rot}. Für eine Rotation um die z-Achse kann man dann die x-Komponente des Dipolmomentes schreiben

$$\mu_x = \mu \cdot \sin\,(2\,\pi\,\nu_{rot} t).$$

Hierin ist μ der Wert des durch die Schwingung nach Formel (29) pulsierenden Dipolmomentes. Also überlagern sich in der x-Komponente ν_{osz} und ν_{rot} nach der Gleichung

$$\mu_x = \left[\mu_o + \frac{d\mu}{d\xi}\,\xi_0 \sin\,(2\,\pi\,\nu_{osz} t)\right] \cdot \sin\,(2\,\pi\,\nu_{rot} t).$$

Löst man die Formel mittels

$$\sin\alpha \cdot \sin\beta = -\frac{1}{2}\left[\cos\,(\alpha + \beta) + \cos\,(\alpha - \beta)\right]$$

in eine Summe auf, so erhält man

$$\begin{aligned} \mu_x = {} & \mu_o \cdot \sin\,(2\,\pi\nu_{rot} t) \\ & - \frac{1}{2} \cdot \frac{d\mu}{d\xi}\,\xi_o \cdot \cos\left[2\,\pi\,(\nu_{osz} + \nu_{rot})\,t\right] \\ & - \frac{1}{2} \cdot \frac{d\mu}{d\xi}\,\xi_o \cdot \cos\left[2\,\pi\,(\nu_{osz} - \nu_{rot})\,t\right]. \end{aligned}$$

Die resultierende Änderung der x-Komponente von μ (also auch die des Gesamtmoments) ist somit eine Überlagerung der Frequenzen

$$\nu_{rot}, \qquad \nu_{osz} - \nu_{rot} \quad \text{und} \quad \nu_{osz} + \nu_{rot}.$$

Die reine Schwingungsfrequenz ν_{osz} fehlt also, wie das oben schon abgeleitet wurde und auch experimentell beobachtet wird.

60. Normalschwingungen

Bei mehratomigen Molekülen liegen die Verhältnisse wesentlich komplizierter, da die Schwingungsmöglichkeiten sehr mannigfaltig sind. Jedoch kann man alle solche

Schwingungen durch eine berechenbare Zahl von sog. *Normalschwingungen* zusammensetzen. Als Normalschwingungen bezeichnet man solche, bei denen *alle Atome* des Molekül-Skeletts *mit gleicher Frequenz* schwingen. Auch die Phasen der einzelnen Atombewegungen verschieben sich also nicht im Laufe der Zeit. Werden mehrere Normalschwingungen gleichzeitig angeregt (um das Molekül in einen komplizierten Schwingungszustand zu bringen), so wird aus dem eingestrahlten Licht jede Frequenz der zugehörigen Normalschwingung einzeln absorbiert.

Die Zahl dieser Normalschwingungen ist recht einfach berechenbar. Besteht ein Molekül aus n Atomen, so würde man $3n$ Koordinaten brauchen, um für die getrennten (chemisch nicht verbundenen) Atome jederzeit die Lage jedes einzelnen angeben zu können. Es gibt keinen Grund, weswegen sich die Zahl $3n$ dieser Bestimmungsstücke ändern sollte, falls man die Atome nunmehr durch chemische Bindungen miteinander verknüpft. Als Bewegungsmöglichkeiten des Moleküls gibt es grundsätzlich die Translation, Rotation und Oszillation (vgl. Theorie der spezif. Wärmen). Um die Translation des ganzen Moleküls zu beschreiben, benötigt man 3 Bestimmungsstücke (z. B. die 3 Komponenten der Geschwindigkeit des Schwerpunkts in einem rechtwinkligen Achsensystem x, y, z). Für die Rotation muß man ebenfalls 3 Bestimmungsstücke kennen, z. B. die 3 Komponenten des Drehimpulses in der x-, y- und z-Richtung. (Dies ist nur bei linearen Molekülen anders, die nur 2 Rotationsfreiheitsgrade besitzen.) Man hat daher für die Translation und die Rotation 6 der $3n$-Bestimmungsstücke verbraucht, und es bleiben für die „Schwingungsfreiheitsgrade" $3n - 6$ übrig. Dies ist also im allgemeinen Fall die Zahl der Normalschwingungen (bei linearen Molekülen $3n - 5$). Die Zahl der Normalschwingungen für einfache Moleküle enthält die folgende Zusammenstellung:

Atomzahl	Normalschwingungen bei	
	linearen Molekülen	gewinkelten Molekülen
3	4	3
4	7	6
5	10	9
6	13	12

Die 3 Normalschwingungen eines gewinkelten AB_2-Moleküls kann man noch sehr einfach aufzeichnen, wie dies in Fig. 30 geschehen ist. Die oberen beiden Typen stellen fast ausschließlich ein Dehnen und Pressen der die chemischen Bindungen darstellenden Verbindungslinien dar. Man bezeichnet sie daher nach MECKE als *Valenzschwingungen* (ν). Bei dem 3. Typ wird der Bindungswinkel stark verändert, während die Valenzabstände fast konstant bleiben. Es handelt sich um eine *Deformationsschwingung* (δ). — Die 1. Valenzschwingung und die Deformationsschwingung sind *symmetrisch*, das Molekül behält während der ganzen Schwingung seine Symmetrieebene bei. Im Falle der 2. Valenzschwingung geht diese Symmetrie durch die Schwingung verloren (*antisymmetrische* Schwingung). Für die Klassifizierung der Normalschwingungen bei komplizierteren Molekülen sind diese Symmetrieeigenschaften von außerordentlicher Bedeutung, da durch sie die Gültigkeit von Auswahlregeln, also letzten Endes die Struktur der Schwingungsbande entscheidend beeinflußt wird.

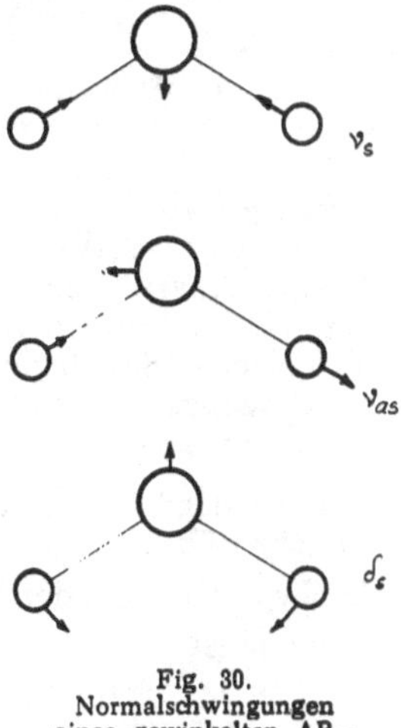

Fig. 30. Normalschwingungen eines gewinkelten AB_2-Moleküls

61. Entartung von Schwingungen

Im Falle des linearen 3-atomigen Moleküls scheint es schwierig, die $3n - 5 = 4$ Normalschwingungen zu konstruieren, da nur die 3 in Figur 31 gezeichneten vorhanden zu sein scheinen. Jedoch ist die fehlende vierte Schwingung in der dritten mit enthalten. Man kann nämlich diese dritte Schwingung nicht durch das Molekül allein kennzeichnen, sondern muß auch noch ihre Lage im Raum angeben. Die Schwingung braucht nicht, wie gezeichnet, in der Zeichenebene zu erfolgen, sondern kann in jeder durch die Molekülachse gelegten Ebene vor sich gehen. Um aber nun diese Raumrichtung festzulegen, braucht man z. B. Angaben über die Komponente der Verrückungen in der Zeichenebene und in einer senkrecht zur Zeichenebene liegenden Ebene. Das sind aber 2 Bestimmungsstücke, von denen das zweite der 4. fehlenden Schwingung entspricht. Man nennt derartige Schwingungen *entartet*. In diesem speziellen Fall handelt es sich um eine 2-fach entartete Deformations-Schwingung.

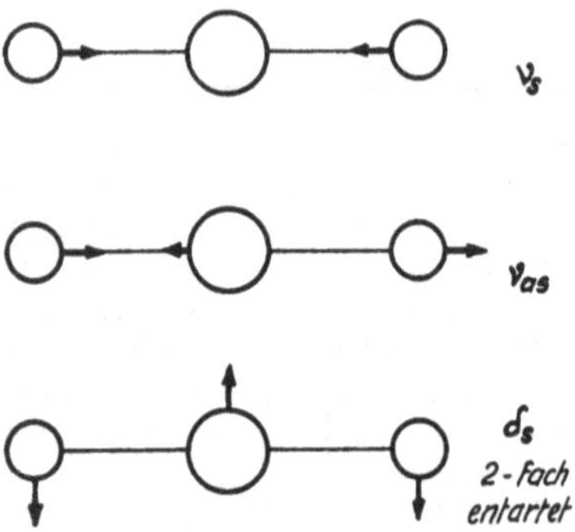

Fig. 31. Normalschwingungen eines gestreckten AB_2-Moleküls

Zur Charakterisierung einer Schwingung gehören also Angaben über

1. Typ (Valenz- oder Deformationsschwingung)
2. Symmetrie-Typ (z. B. symmetrisch oder antisymmetrisch)
3. Entartung (Grad).

62. Bezeichnung von Normalschwingungen

In der Literatur werden häufig Buchstabensymbole benutzt, um den Symmetrietyp zu kennzeichnen. Die folgende Tabelle enthält die grundlegenden Festsetzungen:

1. Buchstaben:
   - A symmetrisch, B antisymmetrisch } zur Symmetrieachse des Moleküls
   - E 2-fach, F 3-fach, . . . } entartet
2. Buchstaben-Indices:
   - g symmetrisch, u antisymmetrisch } zu Symmetrie-Zentrum (falls ein solches vorhanden)
3. Strich-Indices:
   - ' symmetrisch, '' antisymmetrisch } zu einer Symmetrie-Ebene (falls eine solche vorhanden)
4. Zahlen-Indices:
   - 1, 2, 3, . . } kleinster Index = höchste Symmetrie

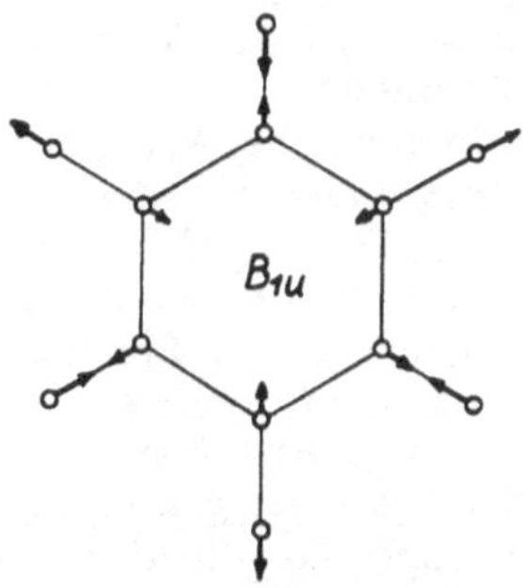

Fig. 32. Eine B_{1u}-Schwingung des Benzol-Moleküls

Figur 32 zeigt als Beispiel eine B_{1u}-Schwingung des Benzol-Moleküls. Sie ist also zur Symmetrieachse des Moleküls (senkrecht zur Zeichenebene) antisymmetrisch und außerdem zum Symmetriezentrum des Moleküls antisymmetrisch. Ferner besitzt sie den höchsten Grad der Symmetrie, den eine antisymmetrische Schwingung in diesem Fall haben kann.

63. Rotationsstruktur der Schwingungsspektren mehratomiger Moleküle

Geradlinige symmetrische Moleküle stellen den einfachsten Fall dar, da sie durch nur ein Trägheitsmoment charakterisierbar sind. Die Normalschwingungen eines A-B-A-Moleküls (z. B. CO_2) sind in Fig. 31 dargestellt. Im Fall ν_{sym} ist für jede Schwingungsanregung ($v = 1, 2, 3, \ldots$) das Dipolmoment μ während der ganzen Schwingung gleich Null. Es kann also ein Übergang zwischen zwei Schwingungszuständen nicht von Absorption oder Emission von Strahlung begleitet sein. Diese ν_{sym} *ist also UR-inaktiv*.

Werden jedoch ν_{as} oder δ_{sym} angeregt, so entstehen während solcher Schwingungen endliche, im Takte der Schwingung variierende Dipolmomente, die ihre Energie dem einfallenden Strahl entziehen. Beide Schwingungen sind also *UR-aktiv;* sie erscheinen im Spektrum.

Die Rotations-Struktur der zugehörigen Banden ist nun aber unterschiedlich. Zwar erfolgt die (immer mitangeregte) Rotation in beiden Fällen senkrecht zur Molekülachse. Aber das sich ändernde Dipolmoment liegt im Fall der Anregung von ν_{as} in Richtung der Molekülachse, während es bei Anregung von δ_{sym} senkrecht zur Molekülachse schwingt.

Zur Deutung der Absorption im Fall der Anregung von δ_{sym} betrachten wir die in Fig. 33 gezeichneten Fälle der Relativlage von Rotationsachse und Schwingungsauslenkung, welch letztere mit der Richtung des entstehenden Dipolmoments übereinstimmt. Haben wir ein Molekül, daß mit angeregter δ_{sym} gemäß Fall a (der Fig.) rotiert, so erzeugt die Rotation keine zusätzliche periodische Änderung von μ. Daher wird von Molekülen mit solchen Achsenrichtungen der Rotation genau die Schwingungsfrequenz ν_{osz} emittiert und demzufolge auch absorbiert werden. — Rotiert das Molekül jedoch gemäß Fall b (der Fig.) um eine (zur Zeichenebene und) zu μ senkrechte

Achse, so rotiert auch das durch die Schwingung gerade vorhandene Dipolmoment im Rhythmus der Rotation. Dann überlagern sich ν_{osz} und ν_{rot} für die Emission und also auch für die Absorption von Strahlung. Dadurch kommt es in diesen Fällen zur Absorption der Frequenzen $\nu_{osz} + \nu_{rot}$ und $\nu_{osz} - \nu_{rot}$ wie im Fall des 2-atomigen polaren Moleküls (*P*- und *R*-Zweig). — Moleküle der einen oder anderen Relativlage sind in dem untersuchten Gas gleich häufig. (Außerdem gibt es alle möglichen Zwischenlagen zwischen Fall a und b.)

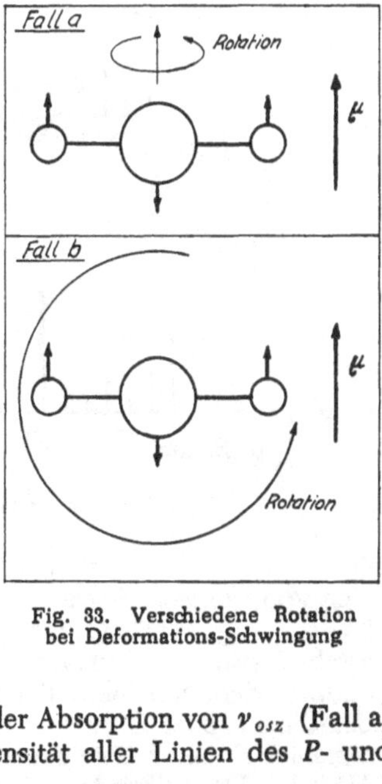

Fig. 33. Verschiedene Rotation bei Deformations-Schwingung

Daher muß die Intensität der Absorption von ν_{osz} (Fall a) gleich sein der Gesamtintensität aller Linien des *P*- und *R*-Zweiges des Falles b.

Dieser Bandentyp mit einem starken *Q-Zweig* und schwachen *P*- bzw. *R*-Zweigen heißt σ-Bande *(Senkrecht-Bande)*, da Dipolmoment und Molekülachsen senkrecht aufeinander stehen.

Im Fall der Anregung von ν_{as} ist (außer bei Durchgang durch die Ruhelage) immer ein Dipolmoment $\mu \neq 0$ in Richtung der Molekülachse vorhanden. Die Rotationen erfolgen aber immer senkrecht zur Molekülachse, so daß das Dipolmoment die Rotation natürlich mitmacht, und daher periodisch sich ändernde Komponenten in raumfesten *x*-, *y*- und *z*-Richtungen besitzt. Daher überlagern sich die Rotationsfrequenz und die Oszillationsfrequenz

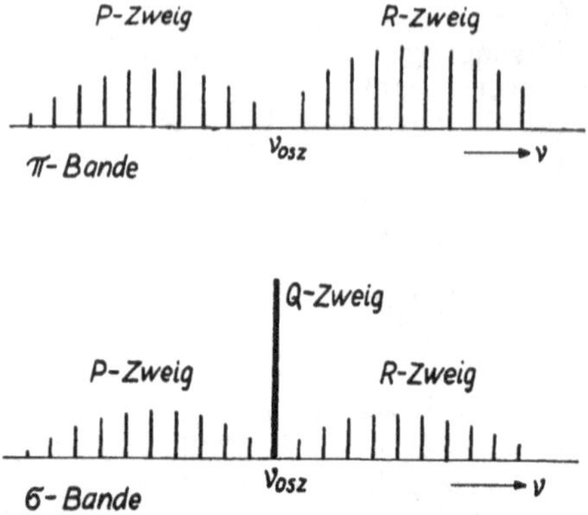

Fig. 34. σ- und π-Bande, schematisch

wieder genau so, wie wir das von polaren 2-atomigen Molekülen schon kennen. Solche sogenannten π-Banden (= *Parallelbanden;* Dipoländerung parallel der Molekülachse) bestehen also wie dort aus *P*- und *R*-Zweig, wobei die Nullinie wiederum fehlt. Bei sehr enger Lage der Rotations-Linien (oder in Apparaten mit geringer Dispersion) erscheinen *P*- und *R*-Zweig häufig nur als „Kontur" (BJERRUMsche Doppelbande). Selbst dann kann man aber σ- und π-Banden noch gut unterscheiden. Beide Typen sind in Fig. 34 schematisch dargestellt, während Fig. 35 eine typische σ-Bande, Fig. 29 eine typische π-Bande zeigt.

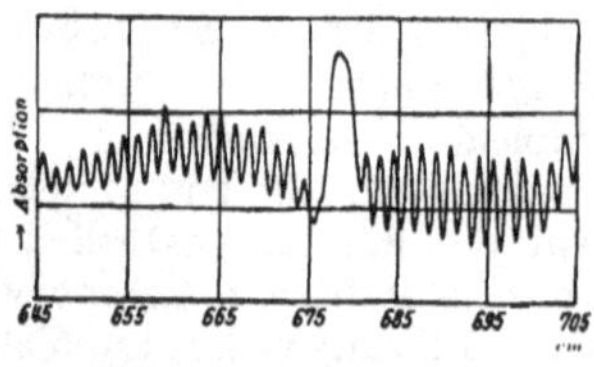

Fig. 35. σ-Bande des CO_2 (MARTIN u. BARKER, 1932)

Die verschiedenartige Rotations-Struktur der Schwingungsbanden erlaubt also eine Zuordnung der Banden zu den einzelnen Normalschwingungen. Hierauf gründet sich im wesentlichen die Bedeutung der UR-Spektren für die Analyse von Molekül-Strukturen.

64. Struktur des N_2O-Moleküls

Ein gutes Beispiel für eine bandenspektroskopische Strukturaufklärung ist das N_2O-Molekül. Aus den spezifischen Wärmen ergibt sich $c_v = \frac{5}{2} R$; also liegt ein lineares Molekül vor. Die Reihenfolge der Atome ist aber mit Röntgenmethoden nicht feststellbar, da O und N fast gleiches Streuvermögen haben. Wenn nun die Atomanordnung N-O-N wäre, so müßte das UR-Spektrum dem des CO_2 ähneln. Man findet jedoch ein viel linienreicheres Spektrum, das u. a. bei 1285 cm^{-1} eine Bande aufweist, die der inaktiven CO_2-Schwingung ν_{sym} entspricht. Damit ist die Anordnung N-N-O die einzig mögliche.

65. Probleme bei komplizierteren Molekülen

Schon bei den gestreckten 3-atomigen Molekülen erhalten wir aus dem Rotations-Schwingungs-Spektrum nur das eine vorhandene Trägheitsmoment. Mit diesem ist nun aber die Anordnung von 3 Atomen nicht eindeutig bestimmt, und man muß dann andere Hilfsmittel mit heranziehen, z. B. die aus Elektronenbeugungs-Untersuchungen erhaltenen Atomabstände.

Im Falle gewinkelter Dreier-Moleküle bekommt man zwar die Frequenzen der Normalschwingungen. Es ist aber schwierig, sie den einzelnen Typen von Schwingungen zuzuordnen. Das wird bei höheratomigen Molekülen immer komplizierter. Die Theorie der symmetrischen Kreiselmoleküle ist noch in sehr vielen Einzelheiten bekannt, jedoch sehr mannigfaltig in den Strukturen der dann auftretenden Banden. Bei unsymmetrischen Kreisel-Molekülen sind die Eigenschaften des Spektrums schon nicht mehr in geschlossenen Formeln darstellbar. Auch treten Schwierigkeiten experimenteller Art auf. Häufig liegen infolge der höheren Trägheitsmomente die einzelnen Rotationslinien derart eng, daß eine Auflösung und damit die Erkennung des Bandentyps auch mit den mächtigsten Apparaten nicht möglich ist.

Das Hauptproblem besteht jedoch darin, daß man zwar bei bekannten Kraftkonstanten für die Schwingungen jedes Atoms im Feld seiner Umgebung die Anzahl der Normalschwingungen und ihre Frequenzwerte berechnen kann, daß jedoch das Umgekehrte nicht ohne weiteres möglich ist. Aus der klassischen Theorie der Normalschwingungen folgt nämlich, daß für ein n-atomiges Molekül mit seinen $s = 3n - 6$ Normalschwingungen $s(s + 1)/2$ Kraftkonstanten berechnet werden müßten, um alle Kraftwirkungen der Atomfelder aufeinander zu kennen. Selbst wenn man also aus Ultrarot- und RAMAN-Spektrum alle s Normalschwingungen zugeordnet hat, so lassen sich nur $s(s + 1)/2 - s$ Kraftkonstanten bestimmen.

Einen brauchbaren Ausweg liefern Untersuchungen von isotopsubstituierten Molekülen, da die Elektronenhüllen der Isotope (z. B. H und D) sich nicht unterscheiden, also auch die gleichen Kraftkonstanten zur Folge haben. Die Normalfrequenzen, die von der mitschwingenden Masse abhängen, verändern sich jedoch. Daher erhält man zusätzliche Gleichungen zur Bestimmung der fehlenden Kraftkonstanten.

So könnte man prinzipiell zur genauen Kenntnis der Kräfteverteilung im Molekül kommen und damit zur Kenntnis dessen, was wir als chemische Bindungskräfte bezeichnen. Das ist jedoch insofern eine Idealisierung, als Rotation und Schwingungen nicht immer völlig getrennt behandelt werden können. Beide stehen um so mehr in

Wechselwirkung, je komplizierter das Molekül ist. Die Art der dann auftretenden Probleme erkennt man am Beispiel der „freien Drehbarkeit". Im Molekül $H_3C—SiH_3$ kann man sich bei kleinen Anregungsstufen eine Torsionsschwingung der Molekülhälften um die Achse $C—Si$ gut vorstellen. Bei höherer Anregung würde die Schwingung jedoch in freie Rotation der beiden Hälften gegeneinander übergehen.

C. Streuspektren von Molekülen

66. RAMAN-Spektren

Nicht alle Normalschwingungs-Frequenzen werden in den *UR*-Spektren erhalten, da manche von ihnen wegen der Symmetrie-Eigenschaften der betr. Schwingung verboten sein können. In solchen Fällen werden die Ergebnisse der *UR*-Spektren ausgezeichnet ergänzt durch die im RAMAN-Spektrum beobachtbaren Linien. Mit der Theorie dieser Spektren müssen wir uns daher im folgenden beschäftigen.

Es handelt sich dabei um ein *Streuspektrum*, das auftritt, wenn man einen Stoff (z. B. eine Flüssigkeit) mit monochromatischem Licht durchstrahlt und das senkrecht zum Primärstrahl auftretende abgebeuge Licht untersucht. Der normale (und intensivste) Effekt ist die sog. TYNDALL-Streuung, bei welcher das gestreute Licht die gleiche Wellenlänge wie das eingestrahlte besitzt.

Die Deutung dieser *TYNDALL-Streustrahlung* ist nach der klassischen elektromagnetischen Licht-Theorie leicht möglich. Die primäre Lichtwelle „faßt" ein Elektron irgendeines Moleküls an und bewirkt dadurch die Entstehung eines induzierten Dipols, dessen Größe mit der gleichen Frequenz schwankt, wie sie das eingestrahlte Licht besitzt. Der induzierte Dipol sendet dann natürlich in alle diejenigen Richtungen des Raumes Strahlungsenergie seiner eigenen Frequenz aus (wie eine Sendeantenne), die nicht gerade mit seiner Achsenrichtung übereinstimmen.

Nun wissen wir aber, daß die Elektronen im Molekül nicht ruhen, sondern an Rotationen und Schwingungen des Moleküls teilnehmen. Infolgedessen kann es zu einer Überlagerung der Primärlicht-Frequenz ν_0 und der Molekül-Frequenz ν_M kommen. Das Resultat ist dann (wie bei gekoppelten Pendeln) das Auftreten von $\nu_0 + \nu_M$ und $\nu_0 - \nu_M$ als neue Ausstrahlungsfrequenzen. Man bekommt also nicht nur Streulicht der eingestrahlten Frequenz ν_0, sondern auch „verschobene" Streustrahlung mit höherer oder tieferer Frequenz, wobei der Abstand der beiden gleich der vom Molekül aus mitwirkenden Frequenz ist. Diese verschobene Streustrahlung bezeichnet man als RAMAN-Linien.

Im Bild der Quantentheorie ist die Erklärung noch einfacher. Ein Primär-Lichtquant $h\nu_0$, das auf ein Molekül trifft, kann entweder elastisch (d. h. ohne Energieänderung) gestreut werden, oder aber unelastisch. Letzteres wäre der Fall, wenn es entweder einen Teil seiner Energie an das Molekül abgibt in Form der Anregung einer Rotation oder Schwingung, oder aber wenn es aus dem Molekül zusätzlich Rotations- oder Schwingungs-Energie entnimmt. Natürlich kann das Primärlichtquant nur solche Energiemengen aufnehmen oder abgeben, die der Energiedifferenz zwischen stationären Zuständen (der Rotation oder Schwingung) des Moleküls entsprechen. Die *Verschiebung* gegenüber der Primärstrahlung entspricht genau der veränderten Rotations- oder Schwingungs-Energie des Moleküls. Es gibt also einen Rotations-RAMAN-Effekt und einen (meist untersuchten) Schwingungs-RAMAN-Effekt.

Der große experimentelle Vorteil der RAMAN-Untersuchungen liegt darin, daß man mit Licht beliebiger Wellenlänge (normalerweise aus Intensitätsgründen *UV*-Licht) anregen kann. Die Schwingungs- und Rotations-Frequenzen, die im experimentell nur schwierig zugänglichen *UR* liegen, werden also in die Umgebung der gewählten Primärwellenlänge verlagert. Dadurch wird die Benutzung normaler Spektrographen und fotografische Registrierung möglich.

67. Rotations-RAMAN-Effekt

Wir untersuchen zunächst die Mitwirkung einer Rotation bei der RAMAN-Streuung. Die Primär-Lichtwelle charakterisieren wir durch ihren elektrischen Vektor

$$\mathfrak{E} = \mathfrak{E}_0 \cdot \cos (2\pi \nu_0 t).$$

Die Stärke des induzierten Dipols ist dann proportional zu $\mathfrak{E}$ (vgl. S. 33).

$$\mathfrak{p} = \alpha \cdot \mathfrak{E}.$$

α ist die Polarisierbarkeit des Moleküls, d. i. der Grad der Verschieblichkeit der Elekronenhülle. Dieser Wert α ist jedoch nicht immer in allen Richtungen des Moleküls gleich groß, sondern wird im allgemeinen Fall durch ein dreiachsiges „Polarisierbarkeitsellipsoid" dargestellt (ähnlich dem für die Trägheitseigenschaften maßgebenden Trägheitsellipsoid), dessen Hauptachsen den Werten der *Hauptpolarisierbarkeiten* α_1, α_2, α_3 entsprechen. Die Abweichungen der Achsen untereinander lassen sich zahlenmäßig am bequemsten durch den Ausdruck

$$\gamma = \sqrt{(\alpha_1 - \alpha_2)^2 + (\alpha_1 - \alpha_3)^2 + (\alpha_2 - \alpha_3)^2}$$

beschreiben, der als *Anisotropie der Polarisierbarkeit* bezeichnet wird.

Liegt ein Molekül mit anisotroper Polarisierbarkeit vor, so ist die Größe und Richtung des induzierten Dipolmomentes $\mathfrak{p}$ von der relativen Lage abhängig, die einfallendes Licht und Molekül zueinander besitzen. Da diese Relativlage sich bei einer Rotation des Moleküls jeden Augenblick ändert, muß die bei ruhendem Molekül im Takte der Primärstrahlfrequenz ν_0 schwankende Größe des induzierten Dipolmoments durch die Rotationsfrequenz moduliert werden.

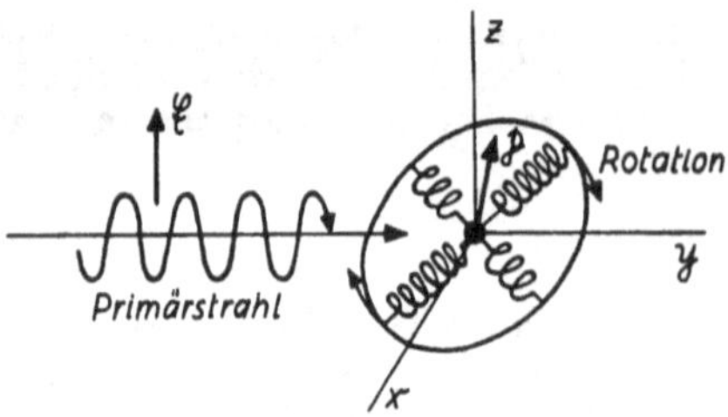

Fig. 36. Streulicht beim anisotrop polarisierbaren Molekül

Diese Verhältnisse soll Figur 36 deutlich machen. x, y, z ist ein raumfestes Koordinatensystem. Der Primärstrahl fällt längs der y-Achse ein, $\mathfrak{E}$ variiert parallel der z-Achse. Im Zentrum des Systems ist ein Elektron der Elektronenhülle eingezeichnet, das in der „Polarisierbarkeitsellipse" an verschieden starken Federpaaren aufgehängt ist (die 3. Dimension des Ellipsoids ist der Übersichtlichkeit wegen nicht eingezeichnet). Die große Achse der Ellipse gibt also die größte Verschieblichkeit an. Die verschieden feste Aufhängung ergibt als erstes, daß $\mathfrak{p}$ nicht mehr parallel zu $\mathfrak{E}$ (also nicht mehr in der z-Richtung) liegt. $\mathfrak{p}$ hat nun auch eine y-Komponente, wie aus dem eingezeichneten Vektor $\mathfrak{p}$ hervorgeht. Rotiert nun das Molekül und mit ihm das Polarisierbarkeitsellipsoid um die x-Achse, die gleichzeitig die Beobachtungsrichtung sei, so ändert sich aber auch die Größe von $\mathfrak{p}$. Steht z. B. die große Achse

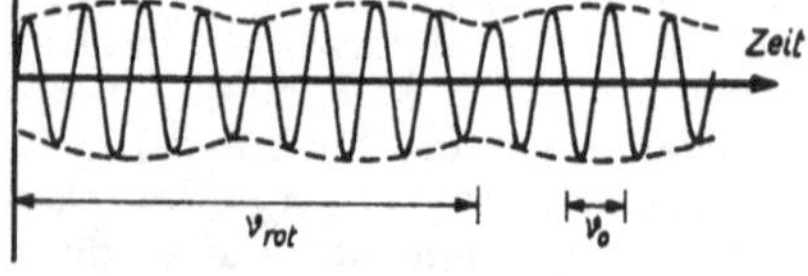

Fig. 37. Modulation von ν_0 durch ν_{rot}.

der Ellipse parallel zu $\mathfrak{E}$ in der z-Richtung, so wird das größte $\mathfrak{p}$ erhalten. Wenn die kleine Achse in z-Richtung steht, resultiert das kleinste $\mathfrak{p}$. Daher schwankt das in der x-Richtung abgestrahlte Streulicht nicht nur im Rhythmus von $\mathfrak{E}$, sondern auch im Rhythmus der Rotation des Moleküls, wie das Fig. 37 anschaulich macht. Da nun aber das Polarisierbarkeits-Ellipsoid schon nach einer halben Umdrehung zur Deckung mit sich kommt, ist die Modulationsfrequenz doppelt so hoch wie die Rotationsfrequenz, also gleich $2 \cdot \nu_{rot}$.

Bei Beobachtung in der z-Richtung hat $\mathfrak{p}$ immer dann keine y-Komponente, wenn eine der Hauptpolarisierbarkeiten durch die z-Achse läuft. In diesen Augenblicken wird also die Streulicht-Intensität gleich Null.

Eine solche modulierte Schwingung ist nichts anderes wie eine Superposition zweier Schwingungen, die in unserem Fall die Frequenzen

$$\nu_0 + 2\,\nu_{rot} \qquad \text{und} \qquad \nu_0 - 2\,\nu_{rot}$$

besitzen, wie aus der Theorie der gekoppelten Pendel bekannt ist.

Es kann natürlich auch die Rotation des Moleküls gleich um 2 oder mehr Energiestufen angeregt oder zur Energielieferung benutzt werden. Wegen der Kleinheit der Rotations-Frequenzen ist das durchaus wahrscheinlich und die Intensitäten höherer Übergänge sind beobachtbar. Daher muß ein *RAMAN-Rotations-Spektrum* (außer der Primärstrahlfrequenz, die durch den TYNDALL-Effekt geliefert wird), aus einer Vielzahl von rechts und links der Primärfrequenz liegenden *Linien im Abstand* $\pm 2\,\nu_{rot}$ bestehen.

Bedingung für das Erscheinen der Linien ist aber, daß die Polarisierbarkeit α in einer raumfesten Richtung sich im Laufe der Rotation ändert. Sonst findet keine Modulation von $\mathfrak{p}$ statt. Dazu muß für den Fall der *Rotations-RAMAN-Spektren* α *anisotrop* sein (beim Schwingungs-RAMAN-Effekt ist das anders!).

Ist das α-Ellipsoid rotationssymmetrisch, so ist die Molekülrotation um diese Symmetrieachse n i c h t RAMAN-aktiv. Beispiel: NH_3, Rotation um die Figurenachse gibt kein Rotations-RAMAN-Spektrum.

Aus diesen Überlegungen folgt sofort, daß wir im RAMAN-Rotations-Spektrum bereits eine Ergänzung der UR-Spektren haben. Unpolare Moleküle wie O_2, N_2, usw. geben kein reines Rotations-Spektrum im UR. Jedoch erhalten wir ein Rotations-RAMAN-Spektrum, da das α-Ellipsoid nicht zur Kugel entartet ist, sondern nur Rotations-Symmetrie um die Molekülachse besitzt. Damit werden die Rotations-Frequenzen auch solcher Moleküle im RAMAN-Effekt bestimmbar.

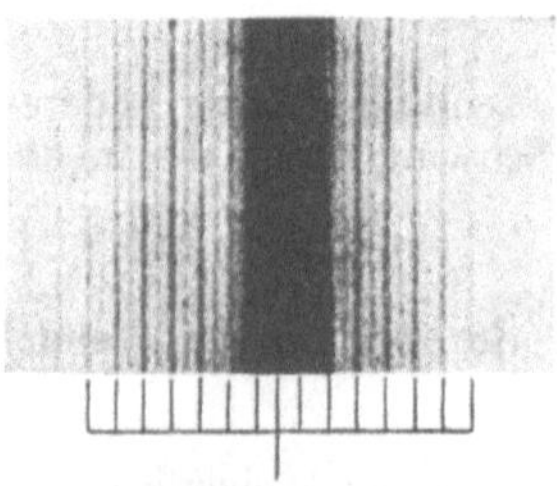

Fig. 38. Rotations-RAMAN-Spektrum von N_2 (RASETTI, 1929)

Fig. 38 zeigt als Beispiel das Rotations-RAMAN-Spektrum des Stickstoff-Moleküls nach einer Aufnahme von RASETTI. Der Intensitätswechsel der Linien ist eine Folge des Kernspins des N-Atoms, was hier im einzelnen nicht behandelt werden soll.

Die Rotations-RAMAN-Linien liegen nur bei Molekülen mit kleinem Trägheitsmoment einigermaßen von der Primärlinie entfernt, verschwinden also meist in den „Flügeln" der Primärlinie. Daher hat der Rotations-RAMAN-Effekt erst in neuerer Zeit infolge Verbesserung der experimentellen Technik wieder an Interesse gewonnen.

68. Schwingungs-RAMAN-Effekt

Wir untersuchen nun die Mitwirkung einer Schwingung des Moleküls bei der Entstehung von RAMAN-Streulicht. Falls der Primärstrahl ein schwingendes Molekül trifft, bleibt die relative Lage der Molekülachse zum Primärstrahl unverändert, denn das betr. schwingende Atom bewegt sich periodisch auf einer Geraden. Man erkennt an Hand der Fig. 37 also, daß es in diesem Fall gar nicht mehr auf eine Anisotropie der Polarisierbarkeit ankommt α könnte sogar Kugelsymmetrie besitzen, wenn nur mit der Schwingungsbewegung des Atomkerns eine Veränderung der Polarisierbarkeit gekoppelt ist. Es muß also der Wert der Polarisierbarkeit α vom Abstand des Kerns von seiner Ruhelage abhängen. Nur dann kann eine Modulation des induzierten Dipols durch die Kernschwingung stattfinden.

Falls eine Elektronenpaar-Bindung zwischen 2 verschiedenartigen Atomen (z. B. $C—H$) vorliegt, kann man sich einen derartigen Einfluß gut vorstellen. Bei zunehmendem Kernabstand werden die Bahnen der beiden bindenden Elektronen natürlich mit gestreckt. Es ist daher eine veränderte Verschieblichkeit gegenüber dem Gleichgewichtsabstand der Kerne zu erwarten. Die nunmehr zeitabhängige Polarisierbarkeit α kann man gleichungsmäßig zusammensetzen aus einem für den Gleichgewichtsabstand gültigen, konstanten Wert α_0 und einem Anteil, der sich proportional dem Abstand ξ aus der Ruhelage ändert:

$$\alpha = \alpha_0 + \frac{\partial \alpha}{\partial \xi} \cdot \xi .$$

Der Abstand ξ ändert sich nun periodisch mit der Schwingungsfrequenz ν_s, z. B. nach der Gleichung

$$\xi = \xi_0 \cdot \cos(2\,\pi \nu_s t + \varphi).$$

φ ist dabei ein unbestimmter Phasenwinkel, um den die Schwingung des Primärstrahls

$$\mathfrak{E} = \mathfrak{E} \cdot \cos 2\pi \nu_0 t$$

gegen die Molekülschwingung verschoben sein kann. Setzt man alle diese Abhängigkeiten zum Wert des induzierten Dipolmomentes zusammen, so folgt

$$\mathfrak{p} = \alpha \cdot \mathfrak{E} = \alpha_0 \mathfrak{E}_0 \cdot \cos(2\,\pi \nu_0 t)$$
$$+ \frac{\partial \alpha}{\partial \xi} \mathfrak{E}_0 \cos(2\,\pi \nu_0 t) \cdot \cos(2\pi \nu_s t + \varphi).$$

Das entspricht nach Umformen mittels der trigonometrischen Identität

$$\cos\alpha \cdot \cos\beta = \frac{1}{2} \cdot [\cos(\alpha + \beta) + \cos(\alpha - \beta)]$$

dem Auftreten der Frequenzen

$$\nu_0\,, \quad \nu_0 + \nu_s \quad \text{und} \quad \nu_0 - \nu_s\,.$$

Normalerweise liegen fast alle Moleküle im schwingungslosen Grundzustand vor, wenn man nicht besonders angeregte Stoffe (hohe Temperatur) untersucht. Daher gibt es fast keine Moleküle, die dem Streulicht zusätzlich Energie geben könnten. Die Frequenz $\nu_0 + \nu_s$ hat daher eine unbeobachtbar kleine Intensität. Die RAMAN-Linien findet man also gewöhnlich nur auf der längerwelligen Seite der anregenden Primärlinie. Fig. 39 zeigt als Beispiel eine Aufnahme des Schwingungs-RAMAN-Effektes des Benzol.

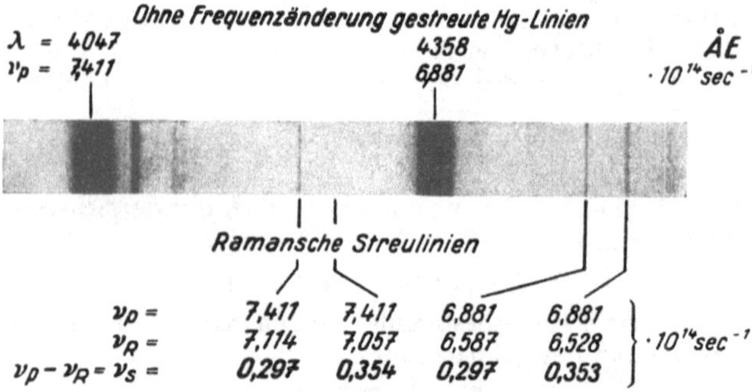

Fig. 39. Schwingungs-RAMAN-Effekt an Benzol (R. W. POHL: Optik, Springer 1954)

69. Vergleich von UR-Spektrum und RAMAN-Effekten

Nachdem wir jetzt die Mechanismen der Entstehung der *UR*-Spektren und der beiden Typen der RAMAN-Spektren kennen, wollen wir die Unterschiede der Erzeugungsbedingungen zusammenstellen:

Für das Auftreten von Linien im	ist notwendig, daß
Ultrarot-Spektrum	$\frac{d\mu}{d\xi} \neq 0$
Rotations-RAMAN-Effekt	α anisotrop
Schwingungs-RAMAN-Effekt	$\frac{d\alpha}{d\xi} \neq 0$

Entscheidend ist also, daß es bei den RAMAN-Linien auf die Veränderung des induzierten Dipolmomentes (d. h. der Polarisierbarkeit) ankommt, während die Ultrarot-Spektren durch die Veränderungen des permanenten Dipolmomentes reguliert werden.

Im folgenden sollen ohne eine (notwendig quantentheoretische) Ableitung noch einige Grundregeln angegeben werden:

1. RAMAN-Linien erhält man auch von *unpolaren Molekülen.*

2. *Isotrop polarisierbare* Moleküle liefern zwar Schwingungs-RAMAN-Linien, aber keine Rotations-RAMAN-Linien (Beispiel: CCl_4).

3. Besitzt eine Bindung keine Elektronen, die beiden Atomen gemeinsam sind, was der Fall ist, wenn eine reine Ionenbindung vorliegt, so kann α auch nicht vom Kernabstand abhängen, d. h. $\frac{d\alpha}{d\xi} = 0$.
Ionenbindungen liefern also keine Schwingungs-RAMAN-Linien.

4. In Molekülen, die ein *Symmetriezentrum* besitzen, gilt die *Ausschließungsregel: UR*-aktive Normalschwingungen (das sind nur antisymmetrische), sind im RAMAN-Effekt verboten und RAMAN-aktive sind im Ultrarot-

Spektrum verboten. Es kann aber auch Frequenzen geben, die für beide Effekte verboten sind.

5. Je höher symmetrisch ein Molekül ist, um so weniger RAMAN-Linien werden beobachtet.

Solche Gesetzmäßigkeiten sind immer mit der Molekül-Symmetrie verknüpft. Daher hat man alle überhaupt möglichen Symmetrietypen klassifiziert sowie untersucht, welche Verbote für die einzelnen Schwingungstypen gelten. Für derartige recht umfangreiche Tabellen muß auf größere Lehrbücher verwiesen werden (z. B. W. BRÜGEL: Ultrarot-Spektroskopie, Verl. Steinkopff, Darmstadt, 1954).

70. Bindungs-Schwingungen

Der große Wert der RAMAN-Spektren liegt in Gesetzmäßigkeiten, die man auch schon ohne genaue Analyse der einzelnen Normalschwingungen bei Strukturaufklärungen ausnutzen kann. Eine solche Regel besteht im Vorkommen von Frequenzen, die man einzelnen Bindungen zuordnen kann und die immer einen konstanten Wert besitzen. Daß das möglich ist, sieht man qualitativ ein, wenn es sich um Schwingungen eines sehr leichten Atoms handelt, bei dessen Bewegung man dann das Rest-Molekül als ruhend betrachten kann. So ist das Vorhandensein von Frequenzen zu erklären, die den Valenzschwingungen von H-Atomen zuzuordnen sind, z. B. im Falle von $C—H$-, $N—H$-, $O—H$-, $P—H$-Bindungen. Enthält ein Molekül derartige Bindungen, so tritt im RAMAN-Spektrum immer die betr. *charakteristische Frequenz* auf. Tabelle 6 gibt einige Beispiele. Ganz geringe Abweichungen sind auf Besonderheiten des Rest-Moleküls zurückzuführen.

Tabelle 6: Bindungs-Frequenzen X—H [cm^{-1}]

$C—H$	2960	$N—H$	3300
$C—H$	3020	$S—H$	2500
$C—H$	3250	$Si—H$	2200
$O—H$	3380		

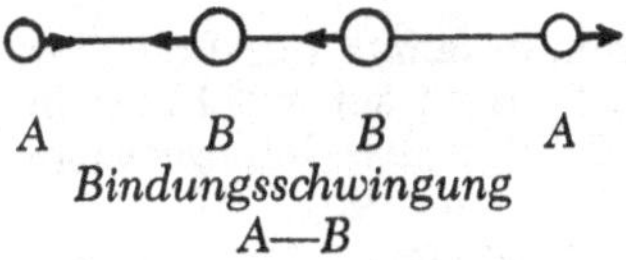

Fig. 40.
A—B—Bindungsschwingung

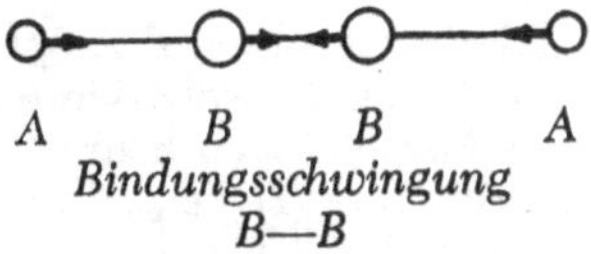

Fig. 41.
B—B—Bindungsschwingung

Welche Normalschwingung im Einzelfall dieser Bindungsfrequenz entspricht, hängt vom Molekültyp ab. Ein Fall ist für ein Molekül A—B—B—A in Figur 40 wiedergegeben. Die angegebene Schwingung verändert im wesentlichen nur die A—B-Abstände, während A—A und B—B fast konstant bleiben.

Auch anderen Bindungen kann man charakteristische Frequenzen zuordnen. Das einfache Beispiel der Figur 41 zeigt, daß bei der dort gezeichneten Normalschwingung im wesentlichen nur die B—B-Bindung verlängert und verkürzt wird. Ihr sollte also auch eine charakteristische Frequenz zugehören. Solche Frequenzen sind nun aber nicht mehr so konstant wie die X—H-Frequenzen, sondern erleiden größere Verschiebungen, die in charakteristischer Weise vom Bau des übrigen Moleküls abhängen. Das führt dazu, daß man sogar sämtliche Isomere eines Moleküls (mit Ausnahme der Stereo-Isomeren) durch ihre grundverschiedenen RAMAN-Spektren identifizieren kann. Tabelle 7 enthält einige derartige RAMAN-Frequenzen.

Tabelle 7: Bindungs-Frequenzen

$—C=C—$	1650	[cm^{-1}]
$-C=O$	1700	
$—C\equiv N$	2100	
$—C\equiv C—$	2200	
$—C—Cl$	650	
$—C—Br$	560	
$—C—J$	500	

Einige Beispiele sollen die Anwendung dieser charakteristischen Frequenzen auf chemische Probleme erläutern:

1. Die aus dem PH_3-Spektrum bekannte P-H-Frequenz tritt in der Phosphorsäure H_3PO_4 nicht auf, wohl aber in der Phosphorigen Säure (H_3PO_3) und der Unterphosphorigen Säure (H_3PO_2). Daraus folgt eindeutig, daß in den letzten beiden nicht alle H-Atome sauer sein können, sondern teils direkt am P-Atom sitzen.

2. Eine Anwendung der Regel 3 von S. 115 bietet die Reihe der verschiedenen Chloroforme $CHCl_3$, $SiHCl_3$, $GeHCl_3$, $SnHCl_3$. Die letzten beiden Verbindungen enthalten im RAMAN-Spektrum nicht mehr eine der Ge—H- bzw. Sn—H-Bindung entsprechende Frequenz. Man muß daraus schließen, daß das H-Atom zunehmend sauer wird, also ionogen gebunden ist.

71. Gruppenschwingungen

Ähnlich wie Bindungen haben auch ganze Atomgruppen ihre charakteristischen Frequenzen. Diese sind häufig mit den Deformationsschwingungen verknüpft. In Figur 42 ist eine solche des Aceton-Moleküls gezeigt. Sie macht deutlich, daß in diesem Fall die beiden CH_3-Gruppen als Ganzes die Schwingung bestimmen.

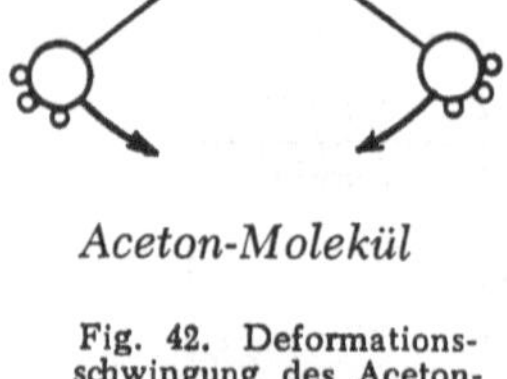

Aceton-Molekül

Fig. 42. Deformationsschwingung des Aceton-Moleküls

Ebenso haben alle *Ringsysteme* der organischen Chemie ein charakteristisches RAMAN-Spektrum, wodurch bei komplizierten Stoffen häufig erste Anhaltspunkte für eine Strukturaufklärung gewonnen werden können. Der Endbeweis für eine Struktur wird durch das RAMAN-Spektrum des synthetisierten Produktes sehr erleichtert, das mit dem des Originalstoffes genau übereinstimmen muß.

Als weitere Regelmäßigkeit beobachtet man, daß fast immer die *Deformationsschwingungen kleinere Frequenzen* besitzen *als* die *Valenzschwingungen* des betr. Moleküls. Dies läßt sich an Hand der Überlegung verstehen, daß die Abstandsveränderung von Atomen schwieriger sein wird als das bloße Verbiegen der Bindungen.

72. Polarisationszustand von RAMAN-Linien

Aus der Anzahl der beobachteten RAMAN-Frequenzen lassen sich bereits Schlüsse über den Molekül-Typ ziehen. Jedoch ist eine Zuordnung der einzelnen Frequenzen zu den jeweiligen Normalschwingungen nicht möglich. Diese Zuordnung ermöglicht nun die Untersuchung des Polarisationszustandes der einzelnen Linien.

Man strahlt bei diesen Untersuchungen polarisiertes Licht ein. Dessen Lichtvektor schwingt dann nur in der Polarisationsebene. Beobachtet man nun, wie in Fig. 43a dargestellt, das Streulicht in Richtung der x-Achse, so erhält man bei einem bezüglich der Polarisierbarkeit a *isotropen* Molekül Streulicht, das nur in der xz-Ebene polarisiert ist.

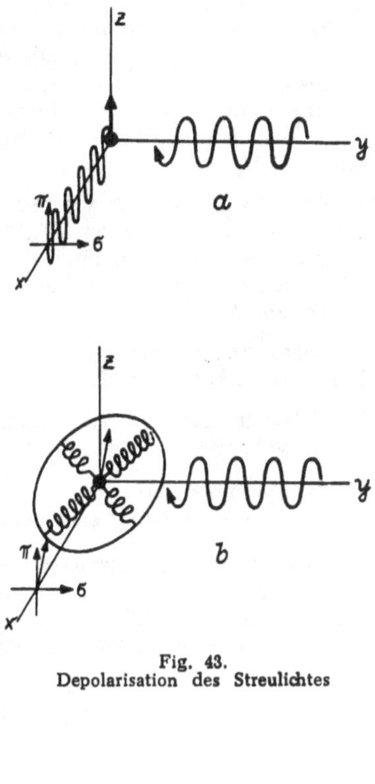

Fig. 43.
Depolarisation des Streulichtes

Besitzt jedoch das Molekül *anisotrope* Polarisierbarkeit, was in Figur 43 b dadurch angedeutet ist, daß das streuende Elektron an verschieden starken Spiralfedern aufgehängt gedacht ist, so stimmt die Schwingungsrichtung des Elektrons n i c h t mehr mit der z-Achse überein, weswegen das in Richtung der x-Achse abgestrahlte Streulicht nun auch einen Anteil enthält, dessen elektrischer Vektor senkrecht zur xz-Ebene schwingt. Das Streulicht erscheint daher depolarisiert. Man mißt diesen Effekt durch den *Depolarisationsgrad*

$$\varrho = \frac{J(\sigma)}{J(\pi)} .$$

Er ist definiert als Verhältnis der Intensität $J(\sigma)$, die senkrecht zur Schwingungsrichtung des Primärstrahl-Vektors polarisiert ist, zur Intensität $J(\pi)$, deren Polarisationsrichtung parallel zu $\mathfrak{E}_0$ ist. Linien werden als depolarisiert bezeichnet, wenn $\varrho = {}^6/_7$ ist. Man nennt sie polarisiert, falls $\varrho < {}^6/_7$ ist.

Dieser Wert ${}^6/_7$ folgt aus der Theorie der Polarisation der Streustrahlung, die von CABANNES (1929) entwickelt wurde. Die Theorie für die TYNDALL-Streuung arbeitet mit α selbst, während es beim (Schwingungs-)RAMAN-Effekt auf $\delta\alpha/\delta\xi$ ankommt.

Einige Regeln für die Depolarisation der RAMAN-Linien seien kurz angeführt:

1. Totalsymmetrische Schwingungen liefern eine polarisierte Linie.

2. Antisymmetrische oder entartete Schwingungen liefern depolarisierte (oder verbotene) Linien.

Mit diesen beiden Angaben kann man bereits die Zahlen der Tabelle 8 dahin auswerten, daß im Falle des $SiCl_4$ die Frequenz $\nu = 425$ [cm^{-1}] und beim $AsCl_3$ $\nu = 405$ [cm^{-1}] der jeweiligen totalsymmetrischen Schwingung zuzuweisen sind.

Tabelle 8

Depolarisationsgrad von RAMAN-Frequenzen

Molekül	Frequenz [cm^{-1}]	ϱ
$SiCl_4$	151	0,86
	221	0,86
	425	0,05
	607	0,86
$AsCl_3$	158	0,86
	194	0,61
	370	0,86
	405	0,08

73. Ermittlung des Polarisierbarkeits-Ellipsoides

Solche Messungen des Depolarisationsgrades geben nun außer der leichteren Zuordnung der Frequenzen zu den Schwingungstypen auch die Möglichkeit, die Anisotropie der Polarisierbarkeit zu ermitteln. Dadurch erhält man weitere Aufschlüsse über die Elektronenverteilung im Molekül. Hierzu kann man auch die Messung der Depolarisation des TYNDALL-Streulichtes heranziehen. Zum Festlegen des gesamten Polarisierbarkeits-Ellipsoides mit seinen 3 Hauptpolarisierbarkeiten a_1, a_2 und a_3 (s. S. 109) braucht man aber noch eine weitere Gleichung. Diese kann aus der Untersuchung des KERR-Effektes erhalten werden. Man versteht darunter die Erscheinung, daß z. B. eine Flüssigkeit in einem elektrischen Feld nicht in jeder beliebigen Richtung den gleichen Brechungsindex aufweist. Wenn wir uns an die Überlegungen von S. 40 erinnern, ist das verständlich, wenn die Verschieblichkeit der Elektronen in den verschiedenen Richtungen des Moleküls unterschiedlich ist. Dann werden die Moleküle sich mit der Achse größter Polarisierbarkeit in die Feldrichtung zu stellen versuchen, falls es sich um unpolare Moleküle handelt. Ein polares Molekül wird sich mit dem Dipol in die Feldrichtung drehen. Dann ist zwar auch eine Vorzugsrichtung gegeben, aber es braucht nicht notwendig die Achse größter Polarisierbarkeit zu sein. Man erkennt jedoch, daß auf diese Weise auch die Differenzen der Polarisierbarkeiten in den verschiedenen Richtungen in die Theorie eingehen müssen. Die Auswertung solcher Polarisierbarkeits-Untersuchungen führt wiederum direkt zur Kenntnis der Elektronenverteilung und damit zum Bindungszustand der Elektronen im Molekül.

SACHREGISTER

Chemie in der Sammlung Göschen

Jeder Band DM 3,60; Doppelband DM 5,80; Dreifachband DM 7,80

Geschichte der Chemie in kurzgefaßter Darstellung von G. Lockemann. 2 Bde. 2. Aufl.
I: Vom Altertum bis zur Entdeckung des Sauerstoffs. 142 S., 4 Bildn. In Vorb. (264)
II: Von der Entdeckung des Sauerstoffs bis zur Gegenwart. 151 S., 16 Bildn. In Vorb. (265/265 a)

Anorganische Chemie von W. Klemm. 14. Aufl. 255 S., 34 Abb. 1967. (37/37 a)

Organische Chemie von W. Schlenk jun. 11., durchges. Aufl. 273 S., 16 Abb. 1968. (38/38 a)

Physikalische Methoden in der Organischen Chemie von G. Kresze. 2 Bde.
I: 119 S., 65 Abb. 1962. (44)
II: 164 S. 1962. (45/45 a)

Allgemeine und physikalische Chemie von W. Schulze. 2 Bde.
I: 6., verb. Aufl. 139 S., 10 Fig. 1964. (71)
II: 6., erw. Aufl. 222 S., 49 Fig. 1968. (698/698 a)

Einfache Versuche zur allgemeinen und physikalischen Chemie von E. Dehn. 371 Versuche m. 40 Abb. 272 S. 1962. (1201/1201 a)

Physikalisch-chemische Rechenaufgaben von E. Asmus. 4., verb. Aufl. 96 S. 1967. (445)

Maßanalyse. Theorie und Praxis der klassischen und der elektrochemischen Titrierverfahren von G. Jander und K. F. Jahr. 12., bericht. Aufl., mitbearb. von H. Knoll. 359 S., 56 Fig. 1969. (221/221 a)

Qualitative Analyse von H. Hofmann u. G. Jander. 3., durchges. u. verb. Aufl. 308 S., 5 Abb. 1967. (247/247 a)

Stöchiometrische Aufgabensammlung von W. Bahrdt † u. R. Scheer. Mit den Ergebnissen. 9., durchges. Aufl. 119 S. 1967. (452/452 a)

Elektrochemie von K. Vetter. 2 Bde.
I: In Vorb. (252)
II: In Vorb. (253)

Geochemie von K. H. Wedepohl. 221 S., 26 Abb., 37 Tab. 1967. (1224/1224 a/1224 b)

Kristallchemie von J. Zemann. 144 S., 90 Abb. 1966. (1220/1220 a)

L. BERGMANN — CL. SCHAEFER

Lehrbuch der Experimentalphysik

Zum Gebrauch bei akademischen Vorlesungen und zum Selbststudium

4 Bände. Groß-Oktav. Kunststoffeinband

BAND I: **Mechanik, Akustik, Wärme.**

8., völlig neu bearbeitete Auflage mit einem Anhang über die erste Mondlandung und 803 Abbildungen.
Von HEINRICH GOBRECHT. XVI, 838 Seiten. 1970. DM 68,—

BAND II: **Elektrizitätslehre.**

5., durchgesehene und verbesserte Auflage. Mit 681 Abbildungen.
VIII, 532 Seiten. 1966. DM 30,—

BAND III: **Optik.**

4., verbesserte und erweiterte Auflage von FRANK MATOSSI. Mit 505 Abbildungen und 1 Ausschlagtafel. XII, 590 Seiten. 1966. DM 46,—

BAND IV: **Aufbau der Materie.**

In Vorbereitung

Die Probleme der modernen Physik verlangen eine klare Kenntnis der Grundlagen der klassischen Physik und eine gute Schulung physikalischen Denkens. Das Lehrbuch der Experimentalphysik von Bergmann-Schaefer bietet eine ausgezeichnete Hilfe für solche physikalische Ausbildung. In der deutschen physikalischen Literatur steht das Werk in der Spitzengruppe. Die schnelle Folge der Auflagen zeigt die Wertschätzung, denen es sich sowohl bei den Studierenden als auch beim „fertigen" Physiker erfreut.

Atomenergie

Walter de Gruyter & Co · Berlin 30

Cl. Schaefer — M. Päsler

Einführung in die Theoretische Physik

Groß-Oktav. Kunststoffeinband

BAND I:

Mechanik eines Massenpunktes, Mechanik der Punktsysteme, Mechanik Starrer Körper, Mechanik Deformierbarer Körper.

7., völlig neu bearbeitete Auflage, mit 280 Abbildungen, von M. Päsler. Etwa 640 Seiten. 1970. DM 135,—

BAND II:

Theorie der Wärme, Molekularkinetische Theorie der Materie.

3., durchgesehene Auflage (Nachdruck). Mit 88 Figuren im Text. XII, 660 Seiten. 1958. DM 42,—

BAND III, 1:

Elektrodynamik und Optik.

2., durchgesehene Auflage. Mit 235 Figuren. VIII, 918 Seiten. 1950. DM 48,—

BAND III, 2:

Quantentheorie.

2., durchgesehene Auflage. Mit 88 Figuren. VIII, 510 Seiten. 1951. DM 40,—

„... Ich weiß in der Tat in der ganzen Literatur kein Werk, das in so meisterhafter Weise den angehenden Physiker mit dem Wesen der Theoretischen Physik bekannt macht. Schritt für Schritt, immer in reizvoller Abwechslung der historisch-induktiven mit der systematisch-deduktiven Darstellung, wird der grandiose Bau der Theorie in allen Einzelheiten durchmessen, wobei aber auch das Auge immer offengehalten wird für Fragen, die noch der weiteren Ausarbeitung harren. Ich glaube und wünsche, daß das Buch eine besonders weite Verbreitung im In- und Ausland finden wird und möchte meinesteils den Dank eines aufmerksamen Lesers zum Ausdruck bringen." *Max Planck*

Walter de Gruyter & Co · Berlin 30